周　期　表

10	11	12	13	14	15	16	17	18
								₂He ヘリウム Helium 4.003
			₅B ホウ素 Boron 10.81	₆C 炭素 Carbon 12.01	₇N 窒素 Nitrogen 14.01	₈O 酸素 Oxygen 16.00	₉F フッ素 Fluorine 19.00	₁₀Ne ネオン Neon 20.18
			₁₃Al アルミニウム Aluminum 26.98	₁₄Si ケイ素 Silicon 28.09	₁₅P リン Phosphorus 30.97	₁₆S 硫黄 Sulfur 32.07	₁₇Cl 塩素 Chlorine 35.45	₁₈Ar アルゴン Argon 39.95
₂₈Ni ニッケル Nickel 58.69	₂₉Cu 銅 Copper 63.55	₃₀Zn 亜鉛 Zinc 65.38	₃₁Ga ガリウム Gallium 69.72	₃₂Ge ゲルマニウム Germanium 72.63	₃₃As ヒ素 Arsenic 74.92	₃₄Se セレン Selenium 78.97	₃₅Br 臭素 Bromine 79.90	₃₆Kr クリプトン Krypton 83.80
₄₆Pd パラジウム Palladium 106.4	₄₇Ag 銀 Silver 107.9	₄₈Cd カドミウム Cadmium 112.4	₄₉In インジウム Indium 114.8	₅₀Sn スズ Tin 118.7	₅₁Sb アンチモン Antimony 121.8	₅₂Te テルル Tellurium 127.6	₅₃I ヨウ素 Iodine 126.9	₅₄Xe キセノン Xenon 131.3
₇₈Pt 白金 Platinum 195.1	₇₉Au 金 Gold 197.0	₈₀Hg 水銀 Mercury 200.6	₈₁Tl タリウム Thallium 204.4	₈₂Pb 鉛 Lead 207.2	₈₃Bi ビスマス Bismuth 209.0	₈₄Po ポロニウム Polonium (210)	₈₅At アスタチン Astatine (210)	₈₆Rn ラドン Radon (222)
₁₁₀Ds ダームスタチウム Darmstadtium (281)	₁₁₁Rg レントゲニウム Roentgenium (280)	₁₁₂Cn コペルニシウム Copernicium (285)	₁₁₃Nh ニホニウム Nihonium (278)	₁₁₄Fl フレロビウム Flerovium (289)	₁₁₅Mc モスコビウム Moscovium (289)	₁₁₆Lv リバモリウム Livermorium (293)	₁₁₇Ts テネシン Tennessine (293)	₁₁₈Og オガネソン Oganesson (294)

気体　液体　固体
(273 K, 1013 hPa)

金属　非金属

₆₃Eu ユウロピウム Europium 152.0	₆₄Gd ガドリニウム Gadolinium 157.3	₆₅Tb テルビウム Terbium 158.9	₆₆Dy ジスプロシウム Dysprosium 162.5	₆₇Ho ホルミウム Holmium 164.9	₆₈Er エルビウム Erbium 167.3	₆₉Tm ツリウム Thulium 168.9	₇₀Yb イッテルビウム Ytterbium 173.0	₇₁Lu ルテチウム Lutetium 175.0
₉₅Am アメリシウム Americium (243)	₉₆Cm キュリウム Curium (247)	₉₇Bk バークリウム Berkelium (247)	₉₈Cf カリホルニウム Californium (252)	₉₉Es アインスタイニウム Einsteinium (252)	₁₀₀Fm フェルミウム Fermium (257)	₁₀₁Md メンデレビウム Mendelevium (258)	₁₀₂No ノーベリウム Nobelium (259)	₁₀₃Lr ローレンシウム Lawrencium (262)

化学 入門編

身近な現象・物質から学ぶ化学のしくみ

日本化学会 化学教育協議会
「グループ・化学の本21」編

化学同人

はじめに

　この本を読むみなさんは，化学に対してどのような印象をもっているだろうか．高校で化学を勉強した人には，「化学は暗記と計算が中心の面倒な科目」という印象が強いかもしれない．中学までしか化学を学んでいない人は，新聞やテレビのニュースに，あまりなじみがなく気味の悪い「化学物質」がでてくるので，敬遠したい気持ちになっているかもしれない．

　化学は，物質を扱う学問である．物質には「良い悪い」の区別はない．自然の法則に従って，できるものはできる．人工的につくりだした物質も多いが，それは人間が自然の法則を理解し，それを利用することによって可能になったものである．ある物質が人間にとって良いか悪いかは，私たちの接し方や使い方によるのである．

　「三匹の子豚」という世にでていくときの知恵を教えるイギリスの童話がある．それはこんな話である．「子豚が母親にいわれ，それぞれ自分の家を建てることになった．1匹目は藁で，2匹目は木材で，3匹目は煉瓦で家をつくった」．原文では，このあと狼がやってきて「どの子豚が一番賢かったか」を知ることになるのだが，ここでは賢いかどうかではなく，建てた家はどうだったのかを考えてみよう．

　化学と密接なかかわりをもつ物理学では，「もの」を物体として扱うときには質を気にしない．藁と木材と煉瓦は，重さや密度が違うから，「1本または1枚，あるいは1個が何kgか」が問題になる．確かに家を建てる材料を運ぶには，一つ一つが軽いほうが楽である．しかし，藁でつくった家は風で吹き飛んでしまうし，木で建てた家は強風で壊れる．同じ大きさの家をつくっても重さや丈夫さが違うからである．

　では化学の考え方ではどのようになるのだろうか．化学では「もの」は物質であり，その性質が一番問題になる．たとえば，「燃えるか燃えないか」でその物質を判断できる．火事になったら，煉瓦以外の家は焼けてしまう．しかし，住んでみたとき煉瓦の家は必ずしも快適とはいえない．藁や木材は，物質としても構造上も内部の熱が逃げにくいので冬は暖かい．煉瓦の壁は夏はよいかもしれないが，冬は暖まるのに時間がかかるから冷たいので水滴がつく．それなら，外側の壁を煉瓦にして，内側に藁なり木材なり布をはればよいということに気づく．このように，「も

の」を物質という視点からとらえ，その性質を理解して，もっとも適当なところにもっともうまい使い方をしたほうが，私たちにとっては快適である．

　このような例からも，化学的なものの見方や考え方は，豊かな生活を送るためにはたいへん重要だとわかる．だから，昔から人びとは物質を知りたがり，物質を利用しようとしてきた．それによって化学も進み，さらに多くの物質を新しくつくりだせるようになり，生活や社会も豊かになってきた．

　私たちの現代の生活は，過去に多くの人が物質について探り，自然の法則を見つけることによってつくりあげてきたものに支えられている．それはいまでも続いている．その一方で，多くの廃棄物がでて，それを生物や自然が分解できないなど具合の悪い事態をまねいたことも事実である．しかし，それを解決できるような方策を考えだすのも，物質を研究する化学の力なのである．

　この本では，身近な現象や物質を取りあげながら，化学の基本的なしくみについて考えていくことにする．それではさっそく，物質を探り自然の法則を見つける，化学の世界に旅立つことにしよう．

日本化学会 化学教育協議会
「グループ・化学の本21」メンバー

永澤　　明（埼玉大学大学院理工学研究科教授，編集幹事）

有賀　正裕（大阪教育大学教育学部教授）
市村禎二郎（東京工業大学大学院理工学研究科教授）
岩田　久道（埼玉県立大宮武蔵野高等学校教諭）
梶山　正明（筑波大学附属駒場中・高等学校教諭）
佐々木和枝（前 お茶の水女子大学附属中学校副校長）
須貝　　威（慶應義塾大学理工学部准教授）
妻木　貴雄（筑波大学附属高等学校教諭）
中込　　真（和洋九段女子中学校・高等学校教諭）
守本　昭彦（東京都立武蔵野北高等学校教諭）
小林　将浩（日本化学会参与）

「化学」入門編　執筆者一覧

永澤　　明（編集幹事）

守本　昭彦（第1章，第4章，第8章担当）
佐々木和枝（第2章，第3章担当）
中込　　真（第5章，第6章，第7章，第9章担当）
市村禎二郎（第10章，第11章担当）
須貝　　威（第12章担当）

目次

はじめに　i
執筆者一覧　iii

第1章　物質は粒子からできている　1

1.1　物質とは何か　1
　自然と化学とのかかわり合い　1
　物質を化学の目で見ると　2
　物体と物質の違いを知っておこう　3
　純粋な物質と混ざった物質　4
　物質は元素からできている　5

1.2　物質を粒子として見ると　7
　物質は小さな粒子でできている　7
　物質の構成粒子を見る　7
　粒子を大きさで分ける　10

1.3　物質を構成する究極の粒子　11
　化学で重要な原子と分子　11
　原子や分子はとてつもなく小さい　12
　ミクロとマクロをつなぐ化学　12

COLUMN　なぜ朝日や夕日は昼の太陽に比べて赤く見えるのか　14
章末問題　14

用語解説　自然科学／純度／ナノとマイクロ／コラーゲン／原子と分子

one point　物質の本質に迫る方法／質量と重量の違い／純度99.99％の意味／元素記号の考案／粒子概念について／電子顕微鏡のしくみ

第2章　身の回りの物質を考える　15

2.1　身の回りの物質を見てみると　15
　空気と身近な気体　17
　水という不思議な物質　20
　生命体も物質からできている　21
　栄養素としての食品　22
　衣料品は何からできているの　24
　身近な生活用品のプラスチックとゴム　25

2.2　物質は二つに分けられる　26
　こげる物質，こげない物質　26
　無機物質と有機物質の違い　27

用語解説　高分子化合物／脱酸素剤／ブドウ糖と果糖／有機溶媒／同素体

one point　実験と科学の進歩／メタンの効用／卵は完全栄養食品／識別表示マーク／硫黄の役割／エチレンで熟成

2.3 原子・分子が集まってできる物質 …………………… 28
　　巨大な分子からできている物質　*28*
　　原子がそのまま集まってできる物質　*28*
　COLUMN　絹より丈夫な糸の誕生　*29*
　章末問題　*30*

第3章　物質を特徴づけるものは何か　　31

3.1 物質の性質を調べる …………………………………… 31
　　いろいろな物質の密度をはかる　*31*
　　物質の融点と沸点をはかる　*35*

3.2 混合物を分けるには ………………………………… 38
　　沸点を利用して分ける　*38*
　COLUMN　日常生活に利用されている化学の原理　*40*
　章末問題　*41*
　memorandum　指数の表示について　*42*

用語解説　単位／蒸留
one point　ヘウレーカ！／1円玉の秘密／密度と比重／「溶」と「融」の違い

第4章　物質の状態は何によって決まるか　　43

4.1 物質の状態を決める要因は何か ……………………… 43
　　物質の状態は粒子間にはたらく力に依存する　*43*
　　気体，液体，固体の集合状態には大きな違いがある　*44*
　　固体と液体を分かつもの　*45*
　　固体，液体とは違う気体の特徴　*46*

4.2 物質の状態は温度によって変わる …………………… 47
　　物質の状態は変化する　*47*
　　粒子の運動と温度の関係　*48*
　　微粒子の運動を直接観察する　*49*

4.3 状態変化とエネルギーの関係 ………………………… 50
　　熱と温度の違いを理解しよう　*50*
　　エネルギーを加えると状態は変化する　*52*
　COLUMN　電子レンジのしくみ　*53*／コンピュータ社会に欠かせない液晶　*54*
　章末問題　*54*

用語解説　非晶質／1ジュールとは？
one point　用語の使い方に注意／気体分子の速さは？／水蒸気の温度は100℃を超える

第5章　すべての物質は原子からできている　　55

5.1　原子の多様な組合せが多様な物質を生む……… 55
　物質のもとは何か　55
　現代化学の基礎になったドルトンの原子説　56

5.2　元素をグループに分ける周期表の発見………… 56
　元素の性質が周期的に変化する　56
　周期表の読み方　57

5.3　原子の構造はどのようになっているか………… 60
　原子はきわめて小さい粒子である　60
　原子は三つの粒子から構成されている　60
　原子の性質は三つの粒子の組合せで決まる　62

5.4　電子はどこにあるのか……………………………… 64
　電子の居場所はどこか　64
　電子殻には決まった数の電子が入る　64
　COLUMN　最初の人工元素は何か　65　　章末問題　65
　memorandum　測定値と有効数字について　66

用語解説 水素の三つの同位体／核分裂と核融合

one point 原子と元素の使い方／ラボアジェの実験／錬金術の遺産／自然法則の不思議／周期表の評価／原子の質量 逆転の謎／原子1個の質量は？／原子の本当の姿

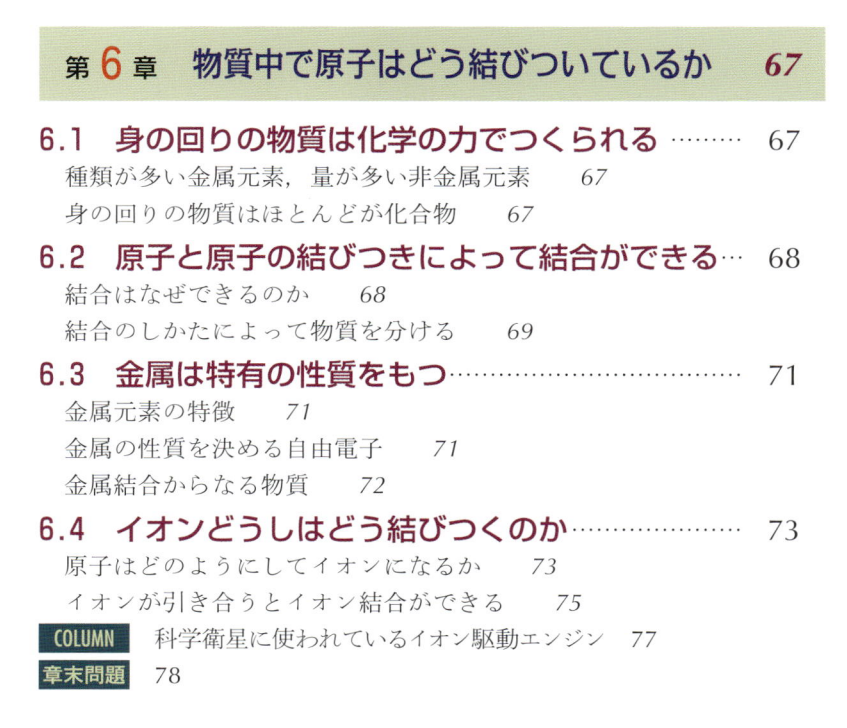

第6章　物質中で原子はどう結びついているか　　67

6.1　身の回りの物質は化学の力でつくられる……… 67
　種類が多い金属元素，量が多い非金属元素　67
　身の回りの物質はほとんどが化合物　67

6.2　原子と原子の結びつきによって結合ができる… 68
　結合はなぜできるのか　68
　結合のしかたによって物質を分ける　69

6.3　金属は特有の性質をもつ…………………………… 71
　金属元素の特徴　71
　金属の性質を決める自由電子　71
　金属結合からなる物質　72

6.4　イオンどうしはどう結びつくのか……………… 73
　原子はどのようにしてイオンになるか　73
　イオンが引き合うとイオン結合ができる　75
　COLUMN　科学衛星に使われているイオン駆動エンジン　77
　章末問題　78

用語解説 価電子と閉殻／イオンの価数

one point 化学の見えざる力／金ぱくのうすさは驚異的／ケイ素は非金属／鉄イオンの価数表示／組成式は整数で

第 7 章　分子は原子の結合によってできる　79

7.1　原子が結合してできる分子 …………………… 79
　分子はすべて化学式で表せる　79
　いろいろな分子　80

7.2　共有結合による分子のなりたち ……………… 81
　電子を共有するやり方で結合する　81
　共有結合のカギをにぎる電子対　82
　結合は完全には分類できない　83

7.3　水素結合と不思議な水分子 …………………… 84
　分子には特有の形がある　84
　水分子の形と水素結合　84

7.4　物質量の考え方で原子や分子を数える ……… 85
　小さな粒はひとまとめで扱おう　85
　1モルには何個入っているか？　86
　1モルの原子の質量はそれぞれみな違う　87
　分子の質量を求めるには　88
　COLUMN　美しい絵や美術品に要注意！　90　**章末問題**　90

用語解説　分子の極性／物質量／原子量

one point　化学式の意味／共有結合のイメージ／結合と価標の関係／似た用語に注意！／化学的知識の意味／コップ1杯の水は？

第 8 章　身近な現象から気体と溶液の性質を学ぶ　91

8.1　身近な現象から気体の性質を学ぶ …………… 91
　ポテトチップスの袋がふくらんだ　91
　熱気球はなぜ上がる　92
　どんな気体にもあてはまる法則　94
　水は100℃で蒸発するか？　95
　物質の状態は圧力によっても変わる　97

8.2　物質はどのようにして溶けるか ……………… 98
　気体は高温になるほど溶けにくい　98
　水に溶ける固体　99

8.3　溶液のおもしろい現象 ………………………… 100
　溶液の濃度の違いによって起こる現象　100
　液体が丸くなるわけ　102
　溶液中の濃度について　103
　COLUMN　化学の原理を利用した身近な食品加工技術　106　**章末問題**　106

用語解説　圧力／セルシウス温度／沸騰／三重点と臨界点／気体の溶解度／水溶液

one point　絶対温度目盛りの導入／宇宙空間での水／水銀の表面張力／モル濃度表示は便利／1ppmは何％？

第9章　化学反応によって新たな物質が生まれる　107

9.1　化学反応とはどのような変化か …………… 107
身の回りの化学反応　107
物質をつくりだすのも化学反応　108

9.2　化学反応式を使って化学反応を表す ………… 109
化学反応のすじ道を論理的に表す手段　109

9.3　化学反応式は非常に簡潔 …………………… 110
化学反応式はすぐれもの　110
化学反応式のなりたち　111

9.4　化学反応式は情報の宝庫 …………………… 113
係数と物質量は比例する　113
身近な単位の質量に直して考える　115
エネルギーの出入りも化学反応式で表せる　116
エネルギー問題を正しく理解する基礎　117
COLUMN　意外なところに使われているタンニン　118
章末問題　118

用語解説　発熱反応と吸熱反応

one point　水の状態変化はどっち？／化学反応の役割／昔の生活の知恵／係数1は省略

第10章　身の回りの酸と塩基を考える　119

10.1　酸と塩基の一般的な性質 …………………… 119
身近にある酸と塩基　119
イオンという名の物質　120
酸や塩基の強さを示すものさし　121
酸・塩基の考え方を見直す　124
酸・塩基の強弱は何で決まる？　124
酸性，塩基性の見分け方　125

10.2　酸と塩基が反応するとどうなる？ ………… 127
中和とはどういうこと？　127
塩について知っておきたいこと　128
中和反応を使って環境を改善する　129
COLUMN　酸性雨が発生するしくみ　130
章末問題　131
memorandum　分子模型とその役割　132

用語解説　重曹／クエン酸／リトマス紙／pHの定義

one point　果物の缶詰にご注意！／水素イオンの表記／⇄の意味／濃度の単位に注意／酸・塩基概念の効用／日常のなかの中和反応／酸性雨は淡水に影響

第11章　酸化と還元のしくみを考える　　133

11.1　酸化，還元とは何か？　　133
酸化と還元の定義　　133
酸化と還元は同時に起こる　　134
反応中の電子の授受を考える　　135
電子の動きから酸化と還元を再定義する　　136
電子を受け取る酸化剤，電子を与える還元剤　　136

11.2　酸化還元は金属のイオン化から始まる　　137
金属にはイオン化しやすいものがある　　138

11.3　電池の基本的なしくみ　　139
世界で初めての電池――しくみは意外に簡単　　140
身近な実用電池ははたらきもの　　142
電池と電気分解の関係　　147
COLUMN　身の回りの酸化剤と還元剤　148　章末問題　148

用語解説　金属の製錬／王水／化学電池と物理電池／塩橋／集電体／単電池／電気量（クーロン）

one point　身近な酸化の例／鉄の酸化と化学カイロ／水性ガスの発生／酸化力と還元力の強さ／イオン化列に注意！／充電のやり方／燃料電池の発見

第12章　光は物質をどう変えるか　　149

12.1　光とは何だろう　　149
光の波長が短いほど光のエネルギーは大きい　　149
光の三原色とものが見えるしくみ　　150

12.2　身近な現象から光の原理を学ぶ　　151
花火は特有な色の光をだす　　151
蛍光灯の蛍光とは何？　　153
物質を熱すると光がでる　　154
効率のよい発光ダイオード　　155
ホタルの光から学ぶ　　155
人工的に光をつくる　　156

12.3　物質が光を吸収すると…？　　157
物質の色はどのようにして決まるか　　157

12.4　光を化学エネルギーに変える　　159
光を使う植物の巧妙なしくみ　　159
COLUMN　身の回りの花の色ほか　160, 161　章末問題　161
memorandum　接頭語および単位の換算例　162

用語解説　蛍光物質／発光ダイオード／ATP／光合成

one point　波長とエネルギーの関係／補色の見方／身近な赤外線／二重結合がカギ／植物が緑色に見えるわけ

あとがき　163／用語解説　165／写真協力一覧　171／索引　173

化学
Chemistry

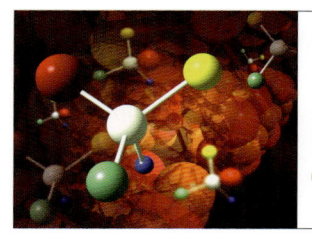

第 1 章 物質は粒子からできている

自然界はさまざまな物質によって成り立っている．これらの物質の正体は何だろう．物質を調べるためにどのような見方をすればいいのかを考えながら，物質がどのようなものからできているかを探っていこう．

1.1 物質とは何か

自然と化学とのかかわり合い

神秘に満ちた数々の自然現象には，さまざまな物質がかかわっている．生命活動や私たちの毎日の生活は，多くの物質とその変化に支えられ維持されている．私たちの身の回りにあり，手にすることのできるものは，すべて物質からできている．色，香り，味，輝き…，それらはみな物質のもつ性質で，そのもとになる物質が含まれている（図 1-1）．物質は，まさに私たちが目にする自然そのものであり，生活にかかわるものすべてである．

自然科学のなかの **化学**（ケミストリー，chemistry）の分野では，物質とその変化を扱う．読者のなかには，「化学は難しいもの」というイ

用語解説

自然科学
自然のなりたちやあり方を研究する学問全体をいう．英語ではナチュラル・サイエンスといい，宇宙から生物，そして微細な粒子の世界までを研究対象として含んでいる．

図 1-1　花の色の違いは物質の違いによる

第1章　物質は粒子からできている

メージをもっている人がいるかもしれない．しかし，「化学の目」を通してものを見ることができるようになると，これまであまり気にかけなかった身の回りのものに対する見方がきっと変わるだろう．化学の目とは物質を見る目である．では，物質とはどのようなものなのかを順を追って見ていこう．

物質を化学の目で見ると

*1　現在知られているものだけでも2000万〜3000万種類あるといわれている.

　物質はものすごく種類が多い[*1]．そして，この多様であることが，物質の大きな特徴である．それらの物質に関する自然の法則を探究していくのが化学である．一見ばらばらに見えるものでも，そのなかには共通する性質や一定の法則があり，物質どうしが密接にかかわり合っている．化学を学んでいくにつれて，物質を調べる切り口がいろいろと増えていく．ちょうど，ロールプレイングゲームを進めるとき，各段階に応じて次つぎとアイテムを身につけることで，新しい場面をクリアーしていけるように，物質を調べるいろいろな手段を身につけていくたびに，物質の本質にどんどん迫っていくことができる．

　化学は現在も進歩し続けている．物質の見方と考え方の進歩が物質を扱う方法を進歩させ，と同時に物質の性質が次つぎに解明され，新しい物質が材料（物質に実用的な価値が加わったもの）として利用されている（図 1-2）．DNAやタンパク質など生命現象にかかわる物質の解明も急速な進歩を遂げている．化学は自然科学のなかで中心的な役割を担っ

one point
物質の本質に迫る方法
「物質の成分を調べる」「物質をつくる原子の結びつきを調べる」「物質が変化するときのしくみを調べる」ことなど，さまざまな角度から物質をながめることによって物質の本質に迫る手段を増やすことができる．

図 1-2　自動車にもいろいろな物質が使われている

1.1 物質とは何か

ており，まさにセントラル・サイエンスと呼べるだろう．物質を扱う化学の進歩が重要な駆動力となって，自然科学全体も飛躍的に発達しているのである．物質の見方を知ることの大切さを，毎日の生活のなかで，ぜひ実感してほしい．

物体と物質の違いを知っておこう

「もの」を物体という．**物体**は，どんなに小さくても必ず一定の質量をもち空間の一部分を占める．「一定の質量をもち，空間の一部分を占め，その存在を確認できるもの」，これが物体の定義である．ここでいう，質量とはまさに物体の量を表すものであり，グラム（g）という単位で表される[*2]．グラム，キログラムというと，日常で使われている**重量（重さ）**を思い浮かべるだろう．実際に「**質量**」と「**重量**」は同じようなイメージでとらえられがちであるが，まったく違うので，しっかりと区別して使う必要がある．

一方，**物質**はものをつくる素材・材質であり，とくに物体をその性質に注目して呼ぶものである．物質からさまざまなものがつくられる．物質からできているものにもそれぞれ名前がついている．

ガラスのコップ，金属のコップ，紙のコップ，プラスチックのコップ，セラミックス（陶磁器）のコップ…，これらの材質，つまりガラス，金属，紙，プラスチック，土や石などがそれぞれ物質である．なお，コップは用途に注目した呼び方なので，物質ではなく物体である．図1-3のコップの特徴にも，物質としての性質と，コップをつくるときの二重構

[*2] 世界的標準ではグラム（g）の1000倍にあたるキログラム（kg）が質量の単位の基準である．

one point
質量と重量の違い
「重さ（＝重量）」は物体の量ではなく，「力」に関係したものである．ある物質が地球に引っ張られる重力（万有引力）の大きさといってもよい．たとえば，物体の質量は地球上と月面ではまったく変化がないのに，重力が地球の6分の1の月の表面では，重さは地球上の6分の1になる．また，無重力の宇宙空間でも物体に質量はちゃんとあるが，重量は0になる．

図1-3 いろいろな物質でできたコップ
変形しやすさ，壊れやすさ，透明性，表面の滑らかさ，燃えやすさ，熱の伝わりやすさなど，物質の違いによって異なる．

第1章　物質は粒子からできている

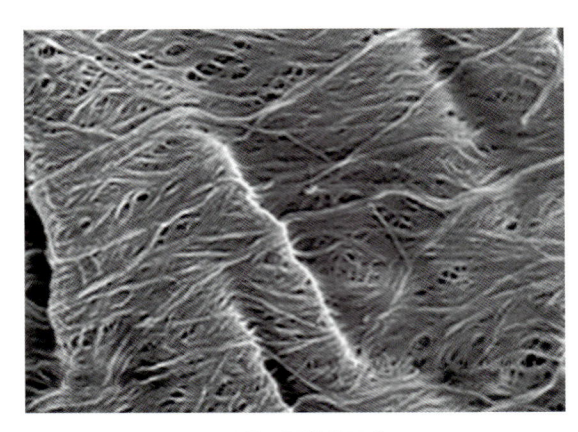

図1-4　セルロースの電子顕微鏡写真

造や材料をうすくするなどの物体としての特徴に基づく性質とがある．
　ガラスはケイ砂（細かい白っぽい砂，ガラスの主原料）などの物質からつくられる．台所などに使われているステンレス・スチールの主成分は鉄で，さびを防ぐためにクロムなどの物質が含まれている．またプラスチックにはさまざまな種類があり，石油などの物質からそれぞれの用途に合わせてつくられている．紙は，植物から得られるセルロースという物質（図1-4）でできている．

リンク

プラスチックなどの物質については第2章などで学ぶことになる．

純粋な物質と混ざった物質

　身の回りにある物質は，一種類の物質だけで存在しているということはまずない．ふつうは何種類もの物質が混ざっている．これを**混合物**と呼び，これに対して単一なものからできている物質を**純物質**という．私たちが日常で目にする物質は純粋なものは意外に少なく，ほとんどが混合物である．いつも吸っている空気は混合物の代表例である．
　物質を調べるときは，混合物よりはまず純粋な物質について調べるほうがよい．**純粋**な物質の性質がある程度わかったあとで，いくつかの物質が混ざっているものについても調べていくとよい．実際には使用する目的に応じて純度の高い物質を純粋な物質と見なして用いるが，物質の用途によっては，ごく微量でも**不純物**が混ざっていると問題になることがある．このような場合には，物質の純度をいかに上げるかが重要になる．たとえば，電子部品のなかで重要な集積回路（IC）用の素材として用いるケイ素（シリコン）の純度は，99.999999999％（9が11個並んでいるので，イレブンナインという）という超高純度である（図1-5）．

用語解説

純　度

物質がどのくらい純粋であるかという度合いを，物質全体の質量に占める純物質の質量で表した数値を純度という．

1.1 物質とは何か

図 1-5 驚異の純度をもつシリコンの単結晶
下はシリコン単結晶をスライスしたシリコン薄片.

これは，10万トン（1000億 g）のケイ素のなかに 1 g しか不純物が入っていないことを示している．まさに驚異の純度といえる．このような純度にしないと，集積回路（IC）では不具合を生じてしまうのである．

現在では技術の進歩によりケイ素は99.9999999999999（フィフティーンナイン）まで純度を高めることができる．

例題 1

ワイングラスに注がれた赤ワインがある．これらについて，物質と物体の例をあげて説明せよ．

解 答

ものをその用途に注目して見た場合が物体で，性質に注目した場合は物質である．なお物体も物質からできている．ワインは，水，エタノールとアントシアン系色素という赤い物質などからなる混合物である．ワイングラスは，液体を入れる用途の物体であり，ワイングラスをつくっている物質はガラスである．

one point
純度99.99％の意味

純度99.99％の金とは（％とは100につきということであるから），全体100 g につき金が99.99 g あるということ．小数点があるとわかりにくいので，小数点をはずすために100倍すると，全体が 100 × 100 = 10000 g につき金が99.99 × 100 = 9999 g となる．つまり，純度99.99％とは，1万（10000）g のなかに金が9999 g 存在し，残り 1 g が不純物ということである．

不純物を％表示すると，「10000 g につき 1 g」→「1000 g につき0.1 g」→「100 g につき0.01 g」となる．つまり，不純物は0.01％含まれるということになる．

物質は元素からできている

純物質は，決まった成分（要素）から成り立っている．物質を構成するこの基礎的な成分を**元素**という．元素は110種類ほどある．物質の種類はきわめて多いが，それらはすべて，これらの元素の組合せでできて

第1章 物質は粒子からできている

one point
元素記号の考案
現在使用されている元素記号は1814年に，スウェーデンの化学者ベルセーリウスが考案したアルファベットを使った元素記号の表記法がもとになっている（第5章参照）．なお，元素を記号で表すことはもっと以前から行われていた．化学者ドルトンも化学反応をわかりやすく表すために独自の記号を考案して使っていた．

リンク
周期表に関しては第5章で，化学式については第7章で詳しく説明する．

いる（図1-6）．この元素を表す記号を**元素記号**といい，世界中で共通の記号が使われている．これらの元素をある規則に従って表にしたものを元素の**周期表**という．

元素記号を使って物質を表した式を**化学式**という．すべての物質は化学式を使って表せる．以下に代表的な物質とその化学式を示した．

気体 ➡ 水素 H_2，酸素 O_2，窒素 N_2，ヘリウム He，メタン CH_4，二酸化炭素 CO_2 …

液体 ➡ 水 H_2O，エタノール C_2H_5OH，水銀 Hg …

固体 ➡ ダイヤモンド C，二酸化ケイ素 SiO_2，炭酸カルシウム $CaCO_3$，食塩（塩化ナトリウム）NaCl，砂糖（スクロース）$C_{12}H_{22}O_{11}$，鉄 Fe，銅 Cu，金 Au，アルミニウム Al …

また，これらの化学式をよく見ると，物質には水素，酸素，ヘリウム，水銀，ダイヤモンド，鉄などのように一種類の元素からなる**単体**と，メタン，二酸化炭素，エタノール，水，塩化ナトリウムなどのように二種類以上の元素からなる**化合物**があることがわかる（図1-6）．

化合物がそれぞれの元素のある比率の組合せ（**組成**）でできていることは，成分元素の単体が化合して，それらとまったく別の物質ができることからわかる．たとえば，水素と酸素を質量比で1対8に混ぜて点火すると爆発が起こって，質量比9の水ができる．

化合物の性質は，化合物に含まれている元素の単体の性質とはまった

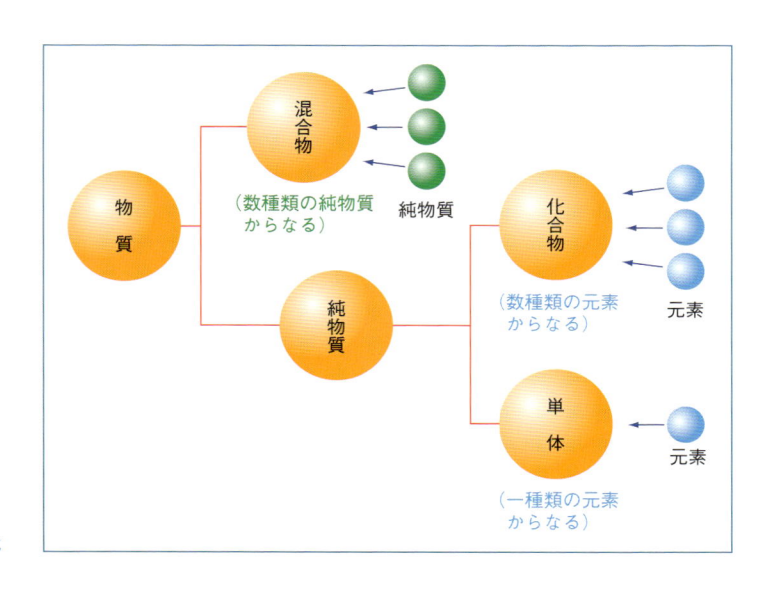

図1-6 物質を分類してみると

く異なっている．たとえば，水 H_2O は液体だが，その成分元素である水素と酸素の単体はそれぞれ H_2 と O_2 で，いずれも気体である．食塩として使われる塩化ナトリウム NaCl は白い固体だが，成分のナトリウムの単体 Na は銀白色の固体で水と激しく反応するし，塩素の単体 Cl_2 は黄緑色の気体で有毒である．このように，単体とその単体からできた化合物はまったく違う物質であることがわかる．

すべての物質は100種類あまりの元素の組合せからできているので，元素とはどのようなものかがわかると物質にかかわる多くの現象を説明することができる．

リンク
化学反応については第9章で詳しく述べる．

1.2 物質を粒子として見ると

物質は小さな粒子でできている

ずっと昔から，物質をつくっているもとになるものを探ろうと多くの科学者がさまざまな研究をしてきた．物質の正体を見つけるのは非常にたいへんであったが，ついに物質がごく小さな**粒子**でできていることがわかった．物質を形づくっている粒子は，光学顕微鏡で見ることができる大きさよりもはるかに小さいため，つい最近までその正体を実際に見ることはできなかった．しかし，さまざまな実験事実から，物質はごく小さな粒子でできていると考えられてきた．その後，実際に物質が粒子でできていることが明らかになった．

すべての物質は，どんどん小さく分けていくと，非常に小さな微粒子にたどりつく．そして，同じ種類の物質はどれもまったく同じ微粒子からできている．

one point
粒子概念について
物質が小さな粒子からできているという考え方を「粒子概念」と呼び，化学においてもっとも基本となる考え方である．

物質の構成粒子を見る

物質をつくっている粒子は，どのような方法でそれを見ることができるのだろうか．粒子を確認する方法を見ていこう．

目で見る 肉眼で見えるものの大きさは，0.1ミリメートル（10^{-4} m）以上である．拡大鏡（ルーペ）や光学顕微鏡を使うとさらに小さいものでも見える．ルーペで見ることのできる大きさは0.01ミリメートル（10^{-5} m）程度である．光学顕微鏡の限界は0.3マイクロメートル（3×10^{-7} m）程度なので，細菌や細胞までは見えるが，たとえばウイルス（$0.2 \times 10^{-7} \sim 2 \times 10^{-7}$ m）やそれより小さい粒子は見ることができな

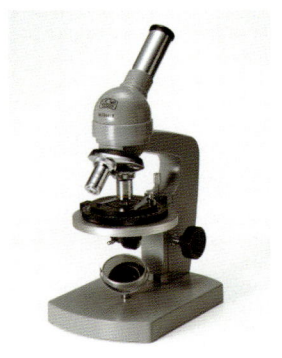

小さいものを見る装置
光学顕微鏡

第1章　物質は粒子からできている

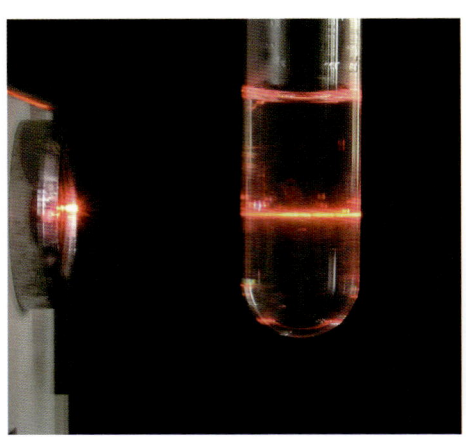

図 1-7　レーザー光によるチンダル現象（左）と自然界に見られるチンダル現象（右）
雲の切れ間から太陽の光のすじ（チンダル現象）が見える．

用語解説

ナノとマイクロ

ナノメートルとは長さの単位で，nm という記号で表される．10 億分の1 メートル（10^{-9} m と表記される）というとてつもなく小さな長さで，水分子などはこのレベルの大きさである．
また，ナノメートルの1000倍の長さがマイクロメートル（μm）で，これは100万分の1 メートルである．
昨今，ナノテクノロジー（ナノテクと略される）ということばがよく使われるが，これは物質をナノメートルという微細な空間で自在に制御する技術のことである．

用語解説

コラーゲン

もともとコロイドとは「にかわ」などのようなゼリー状の物質という意味．よく聞くコラーゲンは，体内のゼリー状組織（膠原）を形成する硬いタンパク質の一種のことである．

光で見る　物質が0.001〜1マイクロメートル，つまり 1〜1000 ナノメートル（10^{-9}〜10^{-6} m）程度の微粒子となって散らばっている（分散している）状態を**コロイド**という．通常の光学顕微鏡では見えない程度の大きさの微粒子である．水などにこのような微粒子が分散していても，ただの水にしか見えないし，ろ紙の目は通過する．しかし，レーザー光などをあてると，微粒子で光が散乱し，光の通路を横から見ると明るく輝いて見える（図 1-7）．この現象を**チンダル現象**といい，コロイド粒子を光の点として観察することができるので，微粒子の存在を実感できる．

　身近な例でいうと，ゼリーをつくるときに利用するゼラチンはタンパク質の一種であり（コラーゲンと呼ばれる），これは水の粒子や塩の粒子よりもかなり大きいコロイド粒子である．少量のゼラチンを水に溶かすと透き通った液になるが，この液にレーザー光をあてるとチンダル現象が見られる．デンプンもコロイド粒子である．タンパク質やデンプンのようにコロイド粒子には生命現象にかかわる物質も多い．

　石けん水でも石けんの粒子が集合してコロイド粒子の大きさになっているので，チンダル現象が観察できる．線香の煙の粒子もコロイド粒子の大きさであり，また牛乳はタンパク質や脂肪がコロイド粒子となって水中に分散したものである．コロイド粒子やそれより小さい微粒子は軽く重力の影響が小さいため，沈殿したり分離したりすることがない．

1.2 物質を粒子として見ると

原子・分子を見る 1ナノメートル以下の微粒子は光を通してもチンダル現象を示さない．目に見える光（**可視光線**という）の波長は約400〜760ナノメートルで，1ナノメートル以下の粒子のところを可視光線が通っても，その波長よりも粒径が小さいために可視光線は散乱せずに素通りしてしまうからである（図1-8）．

リンク
ものが見えるのは，光がものに反射や散乱されて目に入るからである．詳しくは，第12章で学ぶことになる．

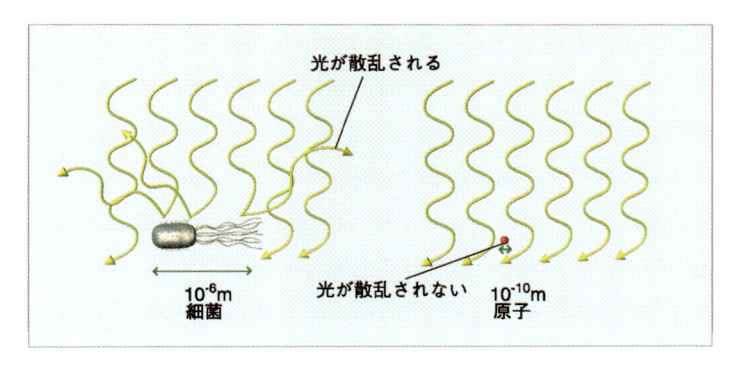

図 1-8　ものが見えるわけ
小さい粒子では可視光線が素通りしてしまう．

科学が進歩した現在では，電子顕微鏡という装置を使って，物質をつくっている粒子の画像をナノメートルの単位まで見たり，走査型トンネル顕微鏡（STM）や原子間力顕微鏡（AFM）という装置を使って，物質の表面の粒子を見たり，ナノメートル単位で動かしたりすることができるようになった（図1-9）．このレベルで見える小さな粒子は，大きさが0.1〜1ナノメートルで，原子や分子と呼ばれる微粒子であること

one point
電子顕微鏡のしくみ
電子顕微鏡では，可視光線より波長が短い電子線（電子の直線的飛行）を利用する．

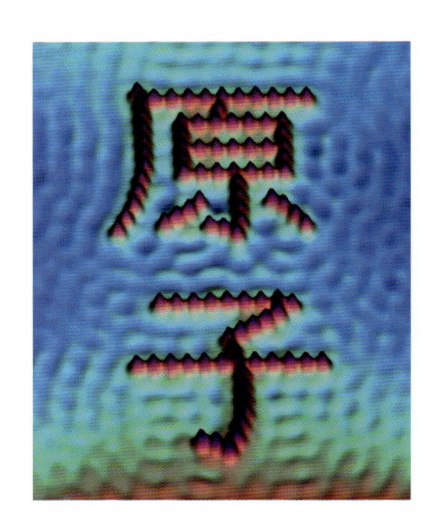

図 1-9　走査型トンネル顕微鏡で原子を見る
銅（Cu）の結晶上にSTMを使って鉄（Fe）の原子を並べてつくった「原子」という漢字（色はあとからつけた）．

がわかっている.

粒子を大きさで分ける

物質の基本粒子である原子や分子まで，物質を細かく分けていってみよう（図1-10）．そのためにはどのような操作をすればよいか．実例を見ながら物質が粒子でできていることを実感しよう．

ろ過する　混合物である物質を成分に分けるのに，「こ（濾）す」方法がある（この操作を**ろ過**という）．ある大きさの孔を通る物質と通らない物質に分ける方法で，その道具を「ふるい」（フィルター）という．コーヒーを入れるときに使うろ紙は，紙でできたフィルターであり細かい孔があいている．その孔の大きさ（孔径という）はろ紙によっていろいろである．この孔の大きさより小さい粒子はろ紙を通過する．たとえば，コーヒーや紅茶を入れるとき，フィルターや茶こしの目より大きい粉や茶葉は残るが，小さい粒子（たとえば水や飲料の成分）は通る．

より孔の小さいフィルター　ろ紙と同じ方式で，さらに小さい粒子をこして分け取ることができる．たとえば浄水器は，水道水のなかの微粒子をこし取る装置である．浄水器のなかを開けてみると，そうめんのような細いチューブが入っている．このチューブに細かい孔があいており，水と水に溶けているものだけが浸みだしてくる．この方法により，鉄やアルミニウムを含んだ微粒子をこし分けて除去する[*3]．また，細菌は1マイクロメートル（μm）〔1000分の1ミリメートル（mm），10^{-6} m〕程度の大きさなので，食品や薬品から細菌などの微生物を取り除きたいときは，孔径のきわめて小さいフィルターを通せばよい．

[*3]　浄水器を数ヵ月使うと，細いチューブの表面が茶色くなる．これは，鉄やマンガンなどの成分を含む微粒子がこし取られて付着するためである．

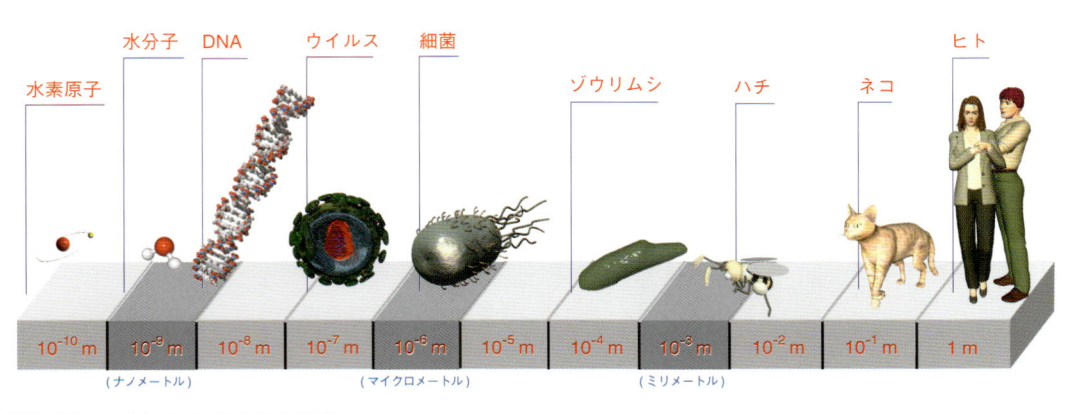

図1-10　いろいろなものの大きさ

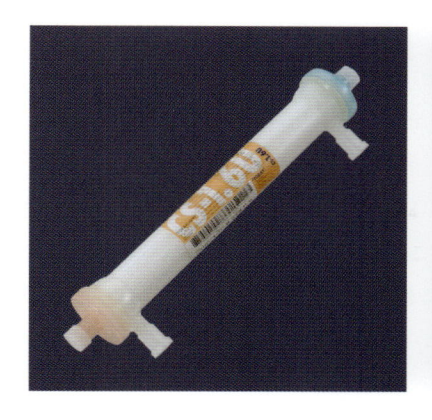

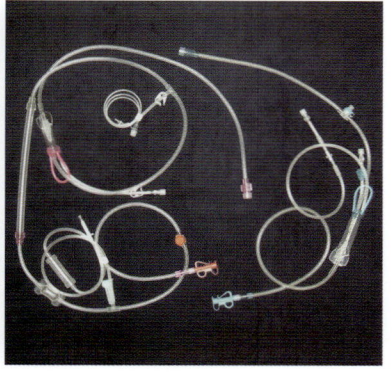

図 1-11 医療にも使われる半透膜（血液の透析器）
チューブ状の半透膜（右）に血液を通して透析する．

半透膜を使う　セロハン（うすい透明なシート）には目に見えない細かい孔がたくさん存在している．セロハンのように数ナノメートルというきわめて小さい孔径をもつ膜を**半透膜**という．半透膜ではその孔径より小さい粒子は通過できるが，コロイド粒子のように大きい粒子は通過できないため，半透膜を用いて微粒子のコロイド粒子をこし分けて精製することができる．この操作を**透析**という．

　人間の体のなかでは，血液中の尿素などの老廃物は腎臓でこし取られている．腎臓はまさにフィルターの役割をしているのである．ところが，腎臓病になると，ろ過の機能が損なわれ，血液が浄化されなくなる．そこで腎臓の機能を人工的に代替する血液透析装置というものが発明された（図 1-11）．この装置は，半透膜を利用して人工的に血液中の老廃物をこし分けるしくみになっている．不要になった尿素などの分子やイオンは孔径より小さい粒子なので，水とともに流れていく．このときコロイド粒子の大きさである血液中の赤血球やタンパク質などは半透膜を通過して流れていくことがない．このようなしくみで，人工的に血液が浄化される．

🔬 **リンク**
半透膜のしくみについては第 8 章で詳しく説明する．

1.3　物質を構成する究極の粒子

化学で重要な原子と分子

　物質を構成するもっとも基本となる粒子が**原子**である．原子は物質を形づくる最小の基本的構成単位で，元素としての特性をもつ最小の微粒子[*4]である．元素は「原子の種類」といいかえることができ，元素記号は原子の種類を表す記号である．すなわち，原子はその実体をさすのに

*4　科学の進歩により，今日では，原子はさらにもっと小さな粒子でできていることがわかっている．

第1章　物質は粒子からできている

> **用語解説**
> **原子と分子**
> 最小の微粒子である原子を英語でアトム（atom）というが、この語源はギリシャ語の「もう分別できない」という意味のアトモス（*atomos*）に由来している。
> 分子は英語でモレキュール（molecule）というが、これはラテン語のモールス（*moles*）「かたまり」に由来している。

対して、元素は原子の種類を表す用語である。

原子の構造について第5章で詳しく述べるが、原子はきわめて小さく、人間の目では到底識別できない。つまり、私たちが見たり触れたりする物質は、とてつもないほど多くの数の原子から構成されているということである。

この原子がいくつか結びついた粒子を**分子**という。分子の内部では、それぞれの原子が結合してある決まった空間配置をとりながら並んでいる。分子は物質としての特性をもつ最小の微粒子である。たとえば、水素は水素原子（H）2個が結合して、1個の分子を形成している。先ほど説明した化学式で表記すると、H_2 となる。酸素は酸素原子2個からできており、O_2 である。また水分子は、1個の酸素原子と2個の水素原子が結合して、1個の水分子 H_2O を形成している。ヘリウムは気体であるが、分子は原子1個からできている[*5]。

*5　分子を構成する原子数を示すため、単原子分子、二原子分子、三原子分子などと呼ぶことがある。ヘリウム（He）は単原子分子、水素（H_2）は二原子分子、水（H_2O）は三原子分子である。

原子や分子はとてつもなく小さい

先ほど説明したように、分子や原子は、一つの大きさが約0.1ナノメートルほどの小さな粒であることがわかっている。つまり、分子や原子は1億（10^8）倍してやっと1センチメートルの大きさになるので、実際に手にすることのできる物質とは、大きさでいうと8桁ほどの隔たりがあることになる。体積でいうと、$10^8 \times 10^8 \times 10^8 = 10^{24}$ 倍の違いがある。ある物質1立方センチメートル（cm^3）に原子や分子がぎっしり詰まっているとすると、そのなかには約1,000,000,000,000,000,000,000,000（10^{24}、すなわち1億の1億倍の1億倍）個のとてつもなく多数の粒子があることになる。さらに、分子や原子の質量は1グラムの 10^{23} 分の1（1/100,000,000,000,000,000,000,000）ほどの非常に小さい質量であるため、実際に質量をはかることを考えると、その隔たりは23桁という膨大な違いになる。つまり、身の回りにある物質は、そのもとになる分子や原子が 10^{23} 個以上という途方もないくらい大きな数が集まって存在していることになる。このように、身近な物質はまさに桁違いに膨大な数の粒子からできているため、ふつう私たちは物質が粒子からできていること自体にまったく気がつかずに毎日生活している。

> **リンク**
> このとてつもないほど大きな数が、第7章で学ぶモルの考え方に結びついている。

ミクロとマクロをつなぐ化学

1マイクロメートル以下、すなわち細胞（だいたい20マイクロメート

ル）より小さい大きさの物質の世界を**ミクロ**（微視的）という[*6]．その
また1万分の1である0.1ナノメートル以下の大きさの世界では，いろ
いろな大きさや形の原子，分子が粒子として見えるはずである．たとえ
ば，水の分子は直径0.3ナノメートルの折れ曲がった形をしている（図
1-12）．すべての物質は粒子として個数で数えられる．そして物質の質
量は，粒子の質量の整数倍である．

　1ナノメートルの大きさ，つまり長さが0.1ナノメートルの10倍にな
ると，三次元の物体の体積は10 × 10 × 10 = 1000倍になる．したがっ
て，1立方ナノメートルの体積のある物質は，0.1立方ナノメートルの
分子1000個からできているはずである．分子や原子の粒子が数千～数
千万個集まってできる粒子，すなわちコロイド粒子は，そのもとになる
原子や分子と違った性質を示すこともある．

[*6] ミクロとマクロにははっきりした境界はないが，たとえばこのような分け方ができる．

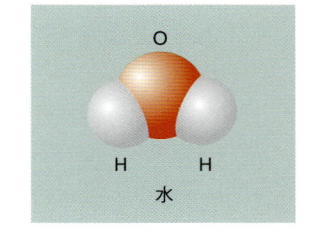

図1-12 水の分子模型

例題2

メンブランフィルターという人工的な膜がある．この膜は強度も強
く，溶媒の精製や精密なろ過，微生物分析などに用いられる．メン
ブランフィルターについてミクロの視点でながめた場合，どのよう
な特徴をもっているか答えよ．

解答

ミクロの視点がポイントである．精密なろ過，微生物の分析という
点から特徴を推測できるだろう．メンブランフィルターには孔径の
そろった多数の孔があいていて，その孔の大きさを利用して精密な
ろ過や微生物の分析が行われる．

　大きさ，かさ（バルクという）がはっきりわかる状態，つまり**マクロ**
（**巨視的**）な世界は，膨大な数の微粒子によって形成されており，物質
はあたかも連続的なものであるかのように見える．宇宙から地球を見た
とき，そこに住んでいる人間や生物が多少移動しようとも，あるいはあ
るところでは雨が降り別のところでは乾いていても，地球全体はいつも
と変わらぬ地球に見えるのと同じである．微粒子のミクロの（微視的
な）世界で起こっていることがらと，私たちが目にできる実際のマクロ
の（巨視的な）世界の現象を結びつけるのが化学であるといえよう．

第1章 物質は粒子からできている

COLUMN　なぜ朝日や夕日は昼の太陽に比べて赤く見えるのか

太陽の光は，地球の大気を進むにつれて分子やほこりなどに吸収されたり散乱されたりして徐々に弱められる．とくに波長の短い青い光は，赤い光よりも空気中の微粒子によって散乱されて直進する光の量が少なくなる（粒子の大きさと散乱される光の波長の相対的関係については，図1-8を見よ）．太陽の光が地球の大気を進む距離は昼より朝や夕方のほうが長い（下図参照）．そのため朝や夕方には，青い光は大気を進む間に大幅に少なくなり，人間の目にはおもに赤の光が届くので，朝日や夕日は赤く見える．昼間は，散乱された青い光が空いっぱいに広がるため青く見える．

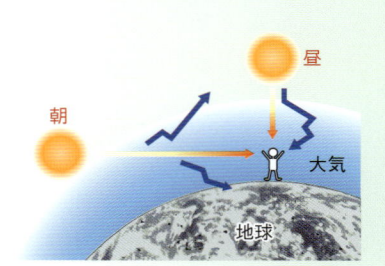

章末問題

1 自然の物質をまねてつくられた人工の物質の例をあげよ．

2 本文p.3のコップのように，身近にあるもので，同じ種類の物体だが異なる物質でできているものを選び，物体と物質の種類を答えよ．

3 単体と化合物では物質の種類にどのくらいの違いがあるか答えよ．

4 建築や船舶などに鉄が用いられている理由を二つ以上述べよ．

5 タンパク質と食塩の混合物がある．このなかから食塩を取り除く方法を答えよ．

6 夜に噴水の近くにレーザー光をあてると光の通った道すじが輝いて見えた．この理由を説明せよ．

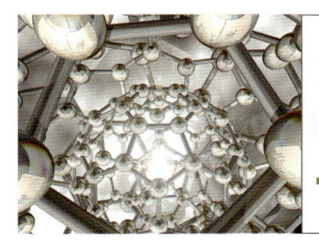

第 2 章 身の回りの物質を考える

私たちの身の回りには，たくさんの物質がある．自然界にある物質，人工的につくられた物質，さまざまな物質に囲まれ，それらを利用しながら私たちは生活している．そもそも，私たちの体も物質からできている．生命を支えている水や空気，食物もすべて物質である．この章では，身の回りの物質について見てみよう．

リンク
物質の定義は第1章で学んだ．

2.1 身の回りの物質を見てみると

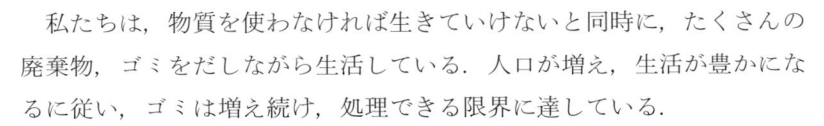

私たちは，物質を使わなければ生きていけないと同時に，たくさんの廃棄物，ゴミをだしながら生活している．人口が増え，生活が豊かになるに従い，ゴミは増え続け，処理できる限界に達している．

多くの生物と共存し，この地球上で今後もよりよく生きていくためには，どうしたらよいのだろうか．できるだけ物質をむだなく使うと同時に，可燃ゴミと不燃ゴミを分別して処理したり，リサイクルしてもとの物質にもどしたり，物質を上手に使っていく知恵をつける必要がある．そのためには，何よりも物質を知ることが大切である．

たとえば，食品をおおうラップは**高分子化合物**であるが，ポリエチレン製のものとポリ塩化ビニリデン製のものがある（図 2-1）．ポリ塩化

用語解説
高分子化合物
多数の原子が結合して連なった分子を高分子化合物（ポリマー）という．"ポリ"とは「たくさん」を意味する接頭語である．

図 2-1　ラップにも材質の違う二種類がある
ポリエチレン（左）およびポリ塩化ビニリデン（右）．

第2章 身の回りの物質を考える

図 2-2 私たちはさまざまな物質に囲まれて生活している

ビニリデン製のラップのほうが、皿などによく密着するので使いやすく、耐熱性が高く、酸素や水蒸気を通しにくい。一方、ポリ塩化ビニリデン製のものは燃やすと塩素（Cl）を含む有害物質を発生することがあるが[*1]、ポリエチレン製のものは燃やしても有害物質を発生しない。ラップを使うには、それぞれの物質の性質を知ったうえで使う必要がある。物質の違いによってそれぞれの性質が異なる一つの例である。

スーパーの店の棚には、たくさんの商品が並んでいるし（図2-2），身の回りにはたとえば、空気、水、食品、衣料品、生活用品などが存在している。これらはどういう物質からできているのだろうか。少し詳しく見ていくことにしよう。

*1 燃やす温度を高くするなど、塩素を含む有害物質をださない方法が開発されている。

例題1

ゴミの分別に使われる「可燃ゴミ」「不燃ゴミ」の、「可燃」「不燃」はどういう意味か、実際にそれらを分別するときを思いだしながらゴミの種類から考えて述べよ。

解答

「可燃ゴミ」は、再生できない紙や生ゴミなど（地域によってはプラスチックも）で、「燃やして処分するゴミ」という意味である。一方「不燃ゴミ」は、再生できないプラスチックゴミ、金属ゴミ、陶磁器ゴミなど、「燃やさないで埋め立て処分するゴミ」のことをいう。たまに「可燃ゴミ」を「燃えるゴミ」，「不燃ゴミ」を「燃えないゴミ」と書いてあるのを見かけるが、「不燃ゴミ」でもプラスチックは燃える（有機物質だから）ので、そういう使い方は正しくない。

空気と身近な気体

空　気　私たちの身の回りの物質として，もっとも身近なものが空気と水であろう．生命を維持するうえで，空気中の酸素と水は不可欠である．空気は純物質ではなく，窒素（N_2），酸素（O_2），二酸化炭素（CO_2）やアルゴン（Ar）などの純物質からなる混合物である．では，生命活動に必要な酸素は，空気中にどのくらい含まれているのだろうか．容器中の酸素を脱酸素剤に吸収させる実験で確かめてみよう．図2-3のように，コップの底に脱酸素剤を貼り，水の上に逆さまに立てて1日おくと，もともとあった空気の体積の約5分の1まで水が上昇する．このコップに火のついた線香を入れると火が消える．このことから，酸素が吸収されてなくなってしまったこと，および空気中には酸素が約20％含まれることが理解できる．

> **用語解説**
> **脱酸素剤**
> 脱酸素剤は鉄の微粉末からできており，これが空気中の酸素と反応する．結果的に空気中の酸素をほとんど吸収する．

図2-3　空気中の酸素の量を実験で調べる
脱酸素剤のはたらきによって，空気中の酸素が吸収される．脱酸素剤を貼った左側のコップの水面が上昇しているのがわかる．

次に，私たちに身近な空気以外の気体について見てみよう．

一酸化炭素と二酸化炭素　一酸化炭素（CO）は，炭やガソリン，灯油などを燃やす際，酸素が十分に供給されずに不完全燃焼を起こしたときに発生する．酸素が十分に供給されれば，二酸化炭素（CO_2）になる．この二酸化炭素は，人間が吐く息（呼気）のなかにも含まれる気体で，量が多くなれば呼吸が苦しくなったりするが，少量なら有害ではない．ところが，一酸化炭素はきわめて有毒な気体なので，十分注意する必要がある．この一酸化炭素は，自動車の排気ガスや風呂の給湯器からでるガスのなかにも含まれるため，中毒で死ぬという事故がたびたび起きて

> **one point**
> **実験と科学の進歩**
> 科学（化学）では，実験が重要な探究手段となる．「どうだろう？」「なぜだろう？」という疑問や謎を解明するには，それに適した実験方法を工夫して考えてみる．これが「実験」である．「こうかもしれない」という仮説を立て，その仮説の正しさを確かめるために実験を行うこともある．このようにして得られた実験の結果（データ）は，実験条件や精度が吟味され，ほかの人が実験しても（これを追試という）同じような結果が得られれば，その仮説は正しかったとして評価される．このような繰り返しによって，科学が進歩するのである．

第2章　身の回りの物質を考える

one point
メタンの効用

メタンは，1個の炭素原子に4個の水素原子が結合した，もっとも単純な有機化合物である．生ゴミを菌で発酵分解させて，メタンを発生させることも実用化されている．都市ガスや有機化学工業の原料として広く利用されている．近年，深海底にメタンハイドレートというかたちで多量に存在することがわかり，新エネルギーとしても注目されている．

燃える水　メタンハイドレート

リンク
燃やすことは，第9章の化学反応と深く関連している．

いる．酸素をよく供給しながら完全燃焼させれば，一酸化炭素は二酸化炭素になり，このような事故は防げる．

ところで，なぜ一酸化炭素は有毒なのだろうか．その理由を考えてみよう．一酸化炭素には，血液の赤血球中のヘモグロビン（酸素を肺から全身へと運ぶ役割をもつ鉄を含むタンパク質．図2-8参照）という物質と結びつく強さが酸素の約300倍もある．呼吸によって肺から取り入れた酸素は，ヘモグロビンと結びついて，体のすみずみまで送られるが，一酸化炭素を吸うと，酸素よりも一酸化炭素が優先的にヘモグロビンと結びついてしまい，酸素が全身に行きわたらなくなり，生命活動が維持できなくなる．

燃料に使われるメタン　台所のガスコンロの燃料や，バスやタクシーなど自動車の燃料として使われている天然ガスの主成分は，メタン（CH_4）である．腐った植物などがたくさんたまっている沼や川から発生する気体も，牛や羊のゲップや糞から発生する気体もメタンで，沼気ともいわれる．メタンは，化学式からわかるように炭素原子と水素原子からできている物質で，燃やせば酸素と化合して二酸化炭素と水になる．

メタンと同じように，炭素と水素だけからできている物質の仲間を炭化水素という．そのうち身の回りで見られる気体には，エタン（C_2H_6），プロパン（C_3H_8），ブタン（C_4H_{10}）などがある（図2-4）．いずれも炭素原子と水素原子が結合してできているので，よく燃えることから，おもに燃料として利用されている．このうち，鍋料理などで活躍する卓上コンロのボンベに入っている気体はブタンである．

窒素酸化物と硫黄酸化物　窒素と酸素の化合物を**窒素酸化物**という．大気汚染にかかわる窒素酸化物をNO_x（ノックスという）と表すことがある．新聞などに書いてあるのを見たことがあるかもしれない．自動車や工場の排気ガスのなかに含まれる二酸化窒素（NO_2）は「**光化学スモッ**

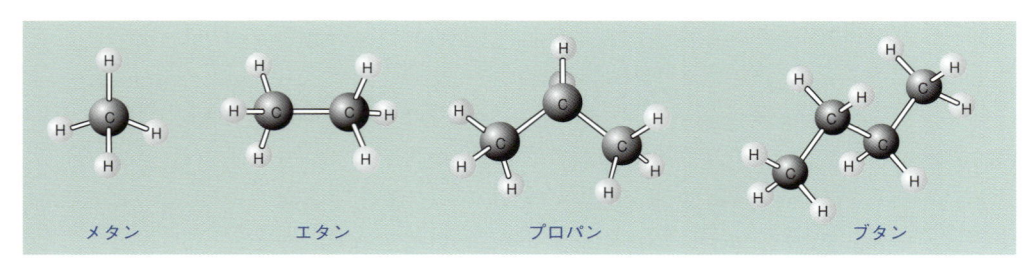

| メタン | エタン | プロパン | ブタン |

図2-4　身近にある炭化水素の分子模型

図 2-5　温泉でおなじみの硫黄酸化物

グ」の原因となる物質で，人間の肺を傷めるなどの有害な作用を及ぼす．空気は，約80％の窒素と約20％の酸素からなる混合物であるが，その窒素と酸素が空気中で化合し，窒素酸化物になることはない（例題 2 参照）．燃料をボイラーや自動車のエンジンで燃やして高温にしたときに，空気の量や温度の条件によって窒素酸化物を発生する場合がある．

　一方，**硫黄酸化物**は硫黄と酸素の化合物のことで，二酸化硫黄（亜硫酸ガス，SO_2），三酸化硫黄（SO_3）などがある．火山ガスなどにも多く含まれ，温泉蒸気のあのツンと鼻を刺激するにおいのもとである（図2-5）．また，石油や石炭など硫黄分が含まれる化石燃料を燃焼させることによっても硫黄酸化物は発生し，大気汚染や**酸性雨**などの原因物質になっている．大気汚染に関する硫黄酸化物は SO_x（**ソックス**という）と表されることがある．現在では，排煙脱硫技術（工場などの排ガスから硫黄酸化物を除去すること）の進歩により，大気中の SO_x 濃度は大幅に減少した．

そのほかの気体　そのほかにも身近な気体として，もっとも軽い気体である水素（H_2）や，二番目に軽い気体であるヘリウム（He），特有の刺激臭をもつアンモニア（NH_3）などがある．また温泉や火山からは硫化水素（H_2S）が発生している．腐った卵のにおいのもとは硫化水素（H_2S）である．

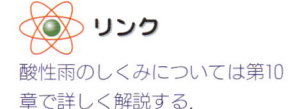

リンク

酸性雨のしくみについては第10章で詳しく解説する．

第2章 身の回りの物質を考える

リンク

水の電気分解については第11章で述べる.

例題 2

「光化学スモッグ」を生成する原因となる一酸化窒素（NO）は，自動車の排気ガスに含まれる．これは，ガソリンが燃焼するときにエンジンのなかにある空気中の窒素と酸素が化合してできる．しかし，ふつう空気中では窒素と酸素は簡単に化合することはないのはなぜだろうか．

解答

身の回りにあるような物質は安定で，何もしないで簡単にほかの物質に変化することはない．たとえば，水は氷や水蒸気になっても，水という物質に変わりはない．ところが，水に電気を通じると，電気分解という化学反応が起こって，水素と酸素になる．水蒸気を加熱して高温にしたときも，一部同じような変化が起きる．このように，化学反応では，原子の組合せが変わって物質が変化するが，そのきっかけとして熱や電気や光などのエネルギーを加える必要がある．窒素と酸素が化合して一酸化窒素ができるときは，エネルギーによって原子の組合せが変化する．窒素は安定な（化学反応しにくい）物質であるが，自動車のエンジン内で，ガソリンが爆発的に燃焼する高温・高圧の条件では窒素と酸素が化合して一酸化窒素になる．したがって，空気中で自然に変化することはない．

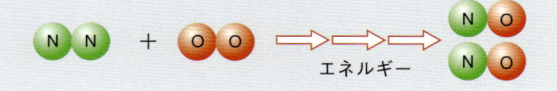

N N ＋ O O ⇒⇒⇒ NO NO
エネルギー

水という不思議な物質

私たちの体重の約7割が水であるように，水（H$_2$O）は私たちの身の回りにたくさん存在するもっとも重要な物質である．

身近には，氷（固体）・水（液体）・水蒸気（気体）の状態の水を見ることができる．液体の水は冷やすと0℃で固体になり，熱すると100℃で沸騰して気体になる．また，100℃にならなくても，蒸発によって水は気体になる．身の回りの物質のなかで，固体・液体・気体の三つの状態がふつうに見られる物質はあまり多くないことから，水はよくある物質であるが，その性質からみるとかなりの変わり者であるといえる．

水はいろいろな物質を溶かす性質があるため，純粋な水というよりは，

リンク

水の状態変化については第4章で詳しく解説する.

水溶液で存在することが多い.

　地球上の水の97％は塩化ナトリウムなどが溶けた海水として存在する．残りの3％が淡水であるが，その4分の3は南極と北極の氷である．残り4分の1が地下水，河川水，湖沼水，そして土壌に含まれる水である．私たちはその一部を利用できるにすぎない．水蒸気によって気候や気象の変化が発生する．水は蒸発し冷たい上空で雨として凝縮するし，寒いと氷ができ，暖かいと氷が溶ける．このため，太陽に熱されて暑くなる赤道付近から，南極や北極に向かって水や水蒸気が海流や風として動くことで熱が運ばれ，地球表面の温度が平均的に保たれる．

　さらに重要なのは，水蒸気による「温室効果」である．晴れて乾燥した夜に地上が寒くなるのは，放射冷却と呼ばれ，太陽によって暖められた地表の熱が赤外線として上空に向かって放出されるからである．空気中の水蒸気や二酸化炭素は，この赤外線を吸収して空気を暖める効果をもっている．これがいわゆる温室効果であり，このような気体を温室効果ガスと呼ぶ．空気の主成分の窒素や酸素にはこの効果はない．もし地球の大気中に水蒸気がなかったとすると，気温は現在より45℃ほど下がり，－20℃近くになるといわれている．このように，水は私たちの住む環境を保つためにもっとも重要な物質の一つである．

地球上の水の97％は海水

生命体も物質からできている

　私たちが食べている肉や魚や野菜は，いずれも生命体である動物や植物である．これらの生命体には，次項で説明する炭水化物，タンパク質，脂質，無機質などが含まれている．一方，これらを食べる私たち人間は，どんな物質からできているのだろうか．それを示したのが表2-1である．

　生命を次の世代につなげていくのは，遺伝情報を伝える役目を担ったDNA（核酸）である．このDNAも，たくさんの原子が結合した高分子化合物で，二重らせん構造になっている（図2-6）．たいへん安定な物

表2-1　私たちの体はこんな物質からできている

人間の成分物質の質量比		人間の成分元素の質量比	
水	65.5%	O	65.7%
タンパク質	16.0%	C	17.0%
脂　質	13.0%	H	10.7%
無機質	5.0%	N	2.9%
炭水化物	0.5%	他	3.9%

遺伝のしくみはDNAという物質が担っている

第2章　身の回りの物質を考える

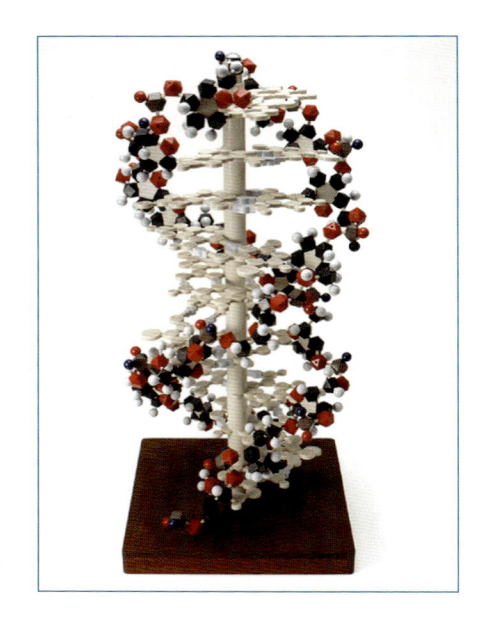

図 2-6　**遺伝をつかさどる DNA 分子のモデル図**
二重らせんになっているのが DNA の特徴である．

質で，1億2500万年前の琥珀のなかに入っていたゾウムシの化石から DNA が発見され，その構造も調べられている．

栄養素としての食品

　私たちが毎日食べている食品には，体に必要なさまざまな物質が含まれている（図 2-7）．これらの物質のうち，炭水化物，タンパク質，脂質は三大栄養素と呼ばれている．

炭水化物　ごはんや芋類，パンやパスタなどの主成分はデンプンである．また，砂糖の主成分はショ糖（スクロース），はちみつの主成分はブドウ糖（グルコース）と果糖（フルクトース）などの糖である．デンプンやこれらの糖は C，H，O の三種類の元素からできており，まとめて炭水化物*2 と呼ばれる．これらの炭水化物は，体内で消化されて体のすみずみに送られ，そこで血液中の酸素と結びついてエネルギーが発生する．

　ブドウ糖や果糖を単糖類という．ショ糖や，水飴に含まれる麦芽糖は単糖類2分子が結合しているので，二糖類という．

　デンプンは，たくさんの単糖類が結合してつながったもので，多糖類という．デンプンには，数十個から数千個のブドウ糖が直鎖状につながったアミロースと，数万個のブドウ糖が枝分かれしてつながったアミロペクチンの二種類がある．アミロペクチンを多く含む餅米からつくる餅が，引っ張ると伸びる性質をもつのは，枝分かれしてつながった鎖が絡

＊2　炭素 C と水 H_2O（水素ではない）が化合したかたちの化学式をもっているという意味．

用語解説
ブドウ糖と果糖
ブドウ糖は，デンプンを分解したときの糖で，動植物のエネルギーとなる物質の一つである．果糖は果物に多く含まれる糖でもっとも甘味が強い．

2.1 身の回りの物質を見てみると

図 2-7 食品もさまざまな物質からできている

み合って切れないからである．このように，物質の性質は，物質の分子の構造やつながり方とも関係しているところがおもしろい．

タンパク質 食品中のタンパク質は，肉，魚，卵，牛乳などのほか，大豆からつくる納豆や豆腐に多く含まれ，体を構成する基本となる物質である．

　タンパク質はC，H，Oの三種類に窒素（N）を加えた四種類の元素を中心に構成されている．また，タンパク質は，約20種類のアミノ酸の分子のうち何種類かが鎖状に結合してつながった物質である（図2-8）．デンプンがブドウ糖だけからできているのと違い，約20種類ものアミノ

リンク

分子の構造やつながり方については，第7章で詳しく説明する．

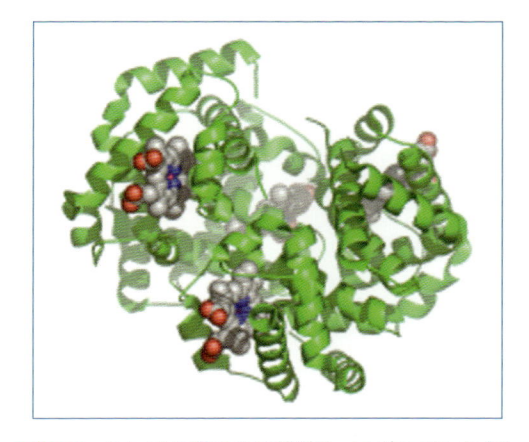

図 2-8 タンパク質の分子構造（ヘモグロビンの例）
長年の研究により，このような複雑な構造であることがわかってきた．

one point

卵は完全栄養食品

タンパク質を構成するアミノ酸は約20種類ある．そのうちの9種類は体内で合成されず，食事からとる必要があるので「必須アミノ酸」と呼ばれている．卵はこの必須アミノ酸をすべて含むので，完全栄養食品といわれる．アミノ酸は，運動の効果を高め筋肉をつくる材料になるが，運動をせずにアミノ酸をとっても，筋肉モリモリにはならない．なお，必須アミノ酸には硫黄（S）を含むものもある．

第2章　身の回りの物質を考える

用語解説
有機溶媒
有機溶媒とは有機物質（p.27参照）からなる溶媒のこと．衣服にシミがついたとき，水溶性のものなら水で洗い流すが，油（有機物質）のようなものはベンジンなどの有機溶媒で溶かして落とす．

酸が結合をするため，たくさんの種類のタンパク質が存在する．豚肉，牛肉，鶏肉は，どれも動物の筋肉ではあるが，タンパク質の種類が異なるため，それぞれの味は異なる．

脂　質　炭水化物と同様，C，H，Oの三種類の元素からできている物質で，私たちのエネルギー源となったり，体を構成したりしている物質である．テレビのCMなどでもおなじみのリノール酸やパルミチン酸などの脂肪酸とグリセリンが化合してできる物質が油脂である．

　油脂には，大きく分けて，オリーブオイルや椰子油などの植物性の「油」と，肉の脂身やバターなどの動物性の「脂肪」とがある．油は，常温で液体だが，脂肪は常温で固体である．油脂は，ジエチルエーテルやヘキサンなどの有機溶媒にはよく溶けるが，水にはほとんど溶けない．密度は水より小さいので，水に浮く．鍋料理などでは融けた油脂が表面をおおい，水の蒸発がさまたげられて，さめにくいのはよく経験することである．

リンク
密度については第3章で詳しく説明する．

そのほかの食品　食品中に含まれる成分で，私たちの体に重要な物質として，無機質やビタミン，食物繊維などがある．これらは食品中に含まれる量はわずかでも，体の調節機能を保つうえで重要なはたらきをする．

　たとえば，無機質のカルシウム（Ca）が不足すると骨が折れやすくなったり，亜鉛（Zn）が不足すると食品の味がわからなくなったりする（亜鉛は緑茶や貝のカキなどに多く含まれている）．いろいろな種類の食品をバランスよく食べる必要があるのは，このためである．

衣料品は何からできているの

　私たちの衣類はおもに布からできている（図2-9）．布は糸を縦と横に織り合わせてつくる．さらに糸は何本かの繊維をより合わせてつくる．

　この繊維は，動植物からとれる天然繊維と，人工的につくられる化学繊維とに分けられる．天然繊維には，麻や綿などの植物繊維と，絹や羊毛などの動物繊維がある．化学繊維には，木材パルプや綿などの繊維素材を原料としてつくり変えたレーヨンやアセテートなどと，石炭や水などから人工的に合成してつくるナイロンやポリエステルなどがある．

　ポリエステル繊維は，**ペットボトル**の原料と同じ物質からできていて[*3]，ペットボトルをリサイクルして繊維製品や衣料品にすることができる．ペットボトルの小片を加熱し，融けて柔らかくなった一端をピンセットなどでつまんで引っ張ると，細かい繊維状のものができる．これ

ペットボトルの容器

[*3]　物質の正式な名称がポリエチレンテレフタラート（省略してPET）なのでペットボトルという．

図 2-9 衣類も物質からできている

が，ポリエステル繊維である．Yシャツやスカートなどのタグに表示されているポリエステルと同じものである．店舗や地域で回収されたペットボトルを，このような原理でポリエステル繊維に再生し，制服や作業服，カーペットや毛布，カーテンなどに利用している．東京都では，バスのシートにも活用されている．

人間は，原始時代には自然界にある物質だけを利用して生活していた．やがて，自然界にある物質を化学的に反応させることによって，自然界にはない物質をつくりだすことができるようになった．

繊維での画期的な合成物質の第一号は，アメリカのカロザースが開発した「ナイロン」である（コラム参照）．カイコという生物の繭からではなく，石炭と水と空気を原料として，高級な絹に似た繊維「ナイロン」は生まれた．1935年のことである．これをきっかけとして，衣・食・住の生活のなかで利用するさまざまな物質が，人工的に合成されるようになった．それらをつくるときの手本は自然界の物質である．

さらに，自然界の物質にはないが，人間にとって必要で便利な性質をもった新しい物質も開発されるようになってきている．化学の力はいろいろなところで発揮されている．

カロザース
アメリカの化学者（1896～1937）．デュポン社に在籍中の1935年に世界初の合成繊維であるナイロンの合成に成功した．

身近な生活用品のプラスチックとゴム

プラスチック　食料品や衣料品以外の生活用品には，プラスチックでつくられているものがたくさんある．お茶やジュースの容器であるペットボトル，CD，テレビやパソコンなどは，プラスチック（合成樹脂）で

第2章　身の回りの物質を考える

one point
識別表示マーク

日本では法律に基づき，ゴミの分別を容易にし，分別収集を促進する目的で，以下の五種類の対象製品に識別表示マークが義務づけられている．スチール缶，アルミ缶，ペットボトル，プラスチック製容器包装，紙製容器包装．一方，アメリカでは，プラスチック製容器の材質を1～7番の番号で表すSPIコードの制度がある．日本ではペットボトル以外は法的な表示義務はない．

つくられたものが多い．プラスチックは石油などを原料として，化学反応（第9章で詳しく説明）によって合成された物質で，たくさんの原子がつながってできている高分子化合物である．これらのプラスチックを使ったものには，図2-10(a)のようなマークがつけられている．これは，容器包装リサイクル法によって，リサイクル（回収して再利用すること）が義務づけられたプラスチックであることを表している．また，ペットボトルは，分別して繊維をつくるなどの処理ができるので，図2-10(b)のような識別マークが使われている．

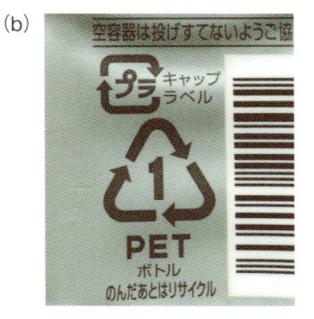

図2-10　プラスチックのリサイクルを心がけよう
プラスチックの識別マーク(a)とペットボトルの識別マーク(b)．

one point
硫黄の役割

天然ゴムを硫黄で処理すると，分子中の二重結合（第7章，p.83参照）と硫黄が反応して鎖どうしの間に橋がかかり，丈夫で耐久性のよいゴムになる．これを「加硫」という．加硫技術によって，天然ゴムが車のタイヤに使われるようになった．

ゴム　自動車のタイヤなどに使われるゴムのうち，約25％は天然ゴムで，残り75％は合成ゴムである．天然ゴムは，ゴムの木の樹皮を傷つけて得られるラテックスという物質に酢酸などの凝固剤を混ぜて固まらせて得られる生ゴムに，硫黄などを加えて弾力を強めてつくられる．

合成ゴムは，天然ゴムと同じような構造になるよう，石油を原料として化学反応を利用して合成されている．

2.2　物質は二つに分けられる

これまでは，身の回りの物質を，私たちが生活に利用する場面の違いや自然界にあるものと人工的に合成されたものの違いなどから分けて見てきた．今度は別の観点から，物質を大きく二つに分類してみよう．

こげる物質，こげない物質

いくつかの物質を加熱すると，やがてこげて黒くなる物質と，変化しない物質とがある．たとえば，砂糖を鍋に入れ加熱すると，プリンなど

2.2 物質は二つに分けられる

によく使われている茶色いカラメルができる．うっかり加熱しすぎると，使いものにならないくらいこげて黒くなってしまう．しかし，金属や陶磁器の鍋は変化しない．一方，塩をふった魚を焼くと，皮や身の一部が黒くこげておいしそうに焼きあがるが，塩は白いままで残っている．つまり，砂糖や魚は加熱するとこげて黒くなるが，鍋や塩はこげないという違いがある．

野菜は有機物質からできている

これらのこげて黒くなる物質は，いずれも炭素を含む物質で，加熱により（ほかの元素は気体として失われて）炭素だけが残って黒くなったものである．これらの物質を燃やし，その炎に冷たいガラス板をかざすと，細かい水滴がガラス表面についてくもる様子が見られる．このことから，物質が燃えて水が生じたことがわかる．さらに黒くなった物質を加熱すると，二酸化炭素が発生する．まだ説明はしていないが，化学反応式に表すと次のようになる．

有機物質(C, H, O) + O_2 ⟶ H_2O + CO_2

このように，炭素が含まれる物質を**有機物質**（有機物，有機化合物ともいう）[*4]という．以前は，生物がつくりだす物質だけが有機物質と考えられていたが，現在ではそれ以外にもたくさんの有機物質があることがわかっている．

一方，炭素を含まない物質は**無機物質**（無機物，無機化合物ともいう）と呼ばれ，加熱しても化学変化しにくい性質をもっている．ただ，炭素を含んでいても，一酸化炭素や二酸化炭素，炭酸塩などの簡単な組成の物質は性質の違いから無機物質に含まれる．

*4 英語で organic substance という．organ は生物の器官のことで，生命活動に不可欠な物質であると考えられていたのでこの名前がついた．

無機物質と有機物質の違い

化学が発展する段階では，自然のなかで生物や生命に関係する物質を有機物質，鉱物や岩石など無生物に由来する物質を無機物質として大まかな分類を行い，物質に関する概念を成立させる助けとした．有機物質は，昔は「生命力」によってのみ生成する物質と考えられており，宗教的タブーも加わって最初は研究対象とはなりえなかった．1828年にドイツ人のウェーラーが無機物質のシアン酸アンモニウム（NH_4OCN）から有機物質である尿素（H_2NCONH_2）を合成し，これらの間の垣根をとり払った．しかし，有機物質は性質や特徴の違いにより無機物質とは区別できるので，この概念は私たちの生活のなかで生きている．

ウェーラー
ドイツの化学者（1800〜1882）．ベルセリウスという化学者の弟子で，尿素の合成以外にもさまざまな業績をもつ．

第2章 身の回りの物質を考える

無機物質 酸素，水素，二酸化炭素，塩化ナトリウム，水など
有機物質 メタン，エタン，プロパン，エタノール，酢酸，ナフタレン，デンプン，タンパク質，ブドウ糖，果糖，セルロース，アミノ酸，脂肪，核酸など

2.3 原子・分子が集まってできる物質

one point

エチレンで熟成

エチレンは常温（25℃）で気体の物質である．冷蔵庫のなかに置いたリンゴから，微量のエチレンが発生し，そばにあるバナナの成熟を促進させることがある．そこで，バナナを青いうちに，早めに収穫して室に保管しておき，適当な時期にエチレンを吹きかけ，熟した黄色いバナナにして出荷させたりする．このような用途もあるエチレンがたくさん鎖状につながると，ポリ袋やポリバケツに使われるポリエチレンになるのだから，化学はおもしろい．

物質を炭素原子の有無に着目して，有機物質と無機物質とに分類できることを前節でみてきた．このほかにも，原子が集まってできている物質と分子が集まってできている物質に分類することもできる．また，分子を構成する原子の数（元素の数ではない）が少ない分子と多い分子の違いから，低分子化合物と高分子化合物とに分類することもある．

巨大な分子からできている物質

袋やラップによく使われているポリエチレンは，エチレン（C_2H_4）という気体を原料にしてつくられる．ポリエチレンは，数万から数百万の数の炭素原子と水素原子がつながった巨大な分子である．これを高分子化合物（ポリマー）という．

身の回りには，生物の体をつくっているタンパク質やデンプン，繊維をはじめ，人工的につくられたプラスチックなども含め，高分子化合物がたくさんある．

原子がそのまま集まってできる物質

いくつかの原子が集まった分子という単位をもたずに，原子がそのまま集まって物質を形づくっているものがある．その代表が**金属**である．

金属原子がただ集まっただけでなぜあのような強い結合になっているのだろうか．金属の場合に特徴的なのは，金属全体のなかを自由に動き回ることのできる「電子」があり[*5]，すべての原子を結びつけるはたらきをしていることによる．これらの電子を**自由電子**と呼ぶ．

金属ではない原子（**非金属元素**という）が集まってできる物質もある．ダイヤモンドとグラファイト（黒鉛）は，いずれも炭素原子（C）だけが集まってできた物質（**同素体**という）である．その結びつき方で，まったく別の物質になる．同じように炭素だけが集まってできる新しい物質が近年発見された．フラーレンとカーボンナノチューブと呼ばれる物

[*5] 電子がそろってある決まった方向に流れるのが電流である．

リンク
金属と自由電子については第6章で詳しく学ぶ．

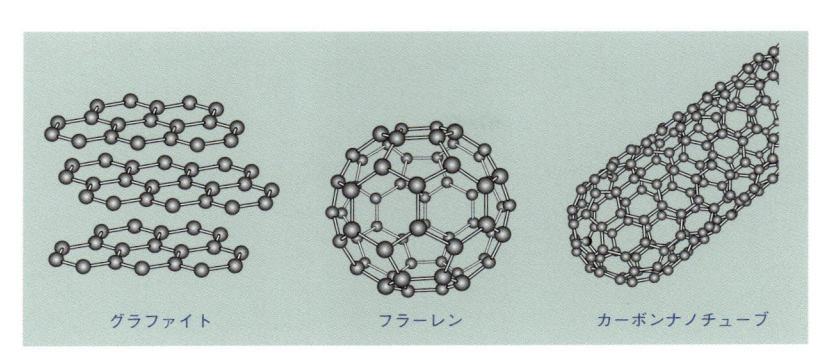

2.3 原子・分子が集まってできる物質

グラファイト　　　フラーレン　　　カーボンナノチューブ

図 2-11　炭素のみからできているグラファイト，フラーレン，カーボンナノチューブの構造

> **用語解説**
> **同素体**
> 同じ種類の元素からなる単体でその性質が異なるものを，互いに同素体という．

質がそれらで，現在，いろいろな方面から研究が進み，新たな利用分野が大きく広がっている（図 2-11）．

COLUMN　　　絹より丈夫な糸の誕生

「鋼鉄よりも強く，クモの糸よりも細い」．これは世界初の合成繊維「ナイロン」のキャッチコピーである．繭からとれる絹のストッキングと同じようなものが，何と「石炭と水と空気」からつくられたのだから世界は驚いた．いまでは，ウインドブレーカーやナイロンバッグ，釣り糸やザイルなど，身の回りでは欠かせないいろいろなものになっている．

古来から化学者たちは，限りある自然を有効活用するため，自然を手本に，天然のものと似たものを人工的につくろうと挑戦してきた．1935年，初めての人工の糸（すなわち合成繊維）を発明したのは，米デュポン社のウォーレス・カロザースのグループであった．

ナイロンは，石炭と水と空気からできる，アジピン酸とヘキサメチレンジアミンという二種類の薬品を混ぜ合わせてつくるが，19種類の酸と13種類のアミンを組み合わせて試作した，何百種類ものなかの一つである．初めは繊維状にならなかったが，あるとき偶然融けたものを棒につけて引いたところ，糸状になって伸びることを発見し，ナイロンを実用化へと導いた．絹のようで，絹より丈夫な糸の誕生である．

豊かな発想とたゆみない努力に加え，ちょっとした遊び心とポイントを見逃さない確かな観察眼が，大きな発見や発明には必要だといえよう．

残念なことに，その2年後，カロザースは体調の崩れと研究のいきづまり（会社の方針との板ばさみ）などから，41歳で自らこの世を去った．そしてその3年後に，このナイロンのストッキングが発売されたのである．

ナイロンは現在，繊維よりフィルムやシートの用途が多く，衣料用パッケージのほか，携帯電話やパソコンの液晶表示用偏光板などにも使われている．

ナイロンに続く合成繊維が，わが日本の化学者桜田一郎によって1939年に発明され，「ビニロン」と名づけられ，漁網などに使われている．

水晶（石英，クォーツ）は，ケイ素原子（Si）を重心とする正四面体の頂点に酸素原子（O）を配列した規則正しい構造の繰り返しによってできている結晶で，これも原子が集まってできる物質である．加熱して溶かしたのち冷却すると，ケイ素原子や酸素原子などが不規則に配列したまま固まった物質になる．これがガラスである．水晶やガラスには，分子という集まりはなく，原子が集まってできている物質である．

章末問題

1 これまでで，何の物質かわからないで困ったとか，あるいは物質の性質がわからなくて困ったことはないか．自分の経験をもとにして述べよ．（例：ゴミを捨てるとき，缶が汚れていて鉄かアルミニウムか見ただけではわからなかった．）

2 本章で取りあげた気体以外に，どのような気体を知っているか．知っている気体の名前，化学式，性質，どのようなところにあるか，またはどのようなところで使われているかなどを述べよ．

3 菓子や食品などの「原材料名」表示を見てみよう．含まれる糖分物質として，どのような物質があるかを調べよ．

4 炭水化物をとりすぎると，体内に脂肪がつくか，筋肉（タンパク質）がつくか．炭水化物，脂肪，タンパク質，それぞれの物質を構成する元素から考えてみよ．

5 化学繊維はその性質（機能）を生かして，さまざまなところで活用されている．化学繊維を一つ取りあげ，その分子の構造，性質（機能），何に活用されているかについて説明せよ．

6 さまざまな生活用品の「原材料名」表示を見て，どのようなプラスチックがどのようなところで使われているかを調べ，身の回りのプラスチックのリストを作成せよ．

7 「プラスチック」はどういう意味のことばからつけられたかを調べよ．また，プラスチックをつくるときの原料物質についても調べよ．

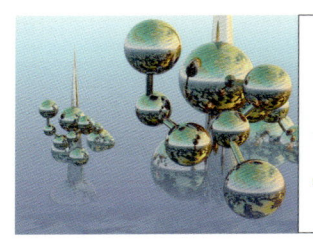

第3章 物質を特徴づけるものは何か

自然界にある物質は無尽蔵ではない．自然界の物質と同じような性質の物質を人工的に開発する必要もある．そのためには，物質のつくり（構造）を理解する必要がある．この章では，物質の性質や構造を調べる方法について学ぶことにする．

3.1 物質の性質を調べる

ここに白い粉がある．砂糖？ 塩？ 睡眠薬？ もしかしたら，わずかな量で死ぬような毒性のある物質かもしれない．そんなとき，簡単だからといって，なめて調べるわけにはいかない．では，どうしたらよいだろうか．

純物質には，それぞれ決まった性質があることを利用して区別すればよい．たとえば，色やにおいはそれぞれの物質によって決まっている．同じ体積の物質を比べたとき，重いか軽いかは密度（次項で説明する）によって決まる．水に溶けやすい物質もあれば，油に溶けやすい物質もあり，その溶けやすさの度合いも異なる（**溶解性**）．水に溶けた水溶液が酸性かアルカリ性か中性のいずれになるかも，溶けている物質によって決まってくる．毒性があるかないかも，私たちにとっては重要な性質である．また，常温（25℃）付近で固体か，液体か，気体かは，物質の融点と沸点によって決まってくる．

このように，物質には，色とにおい，密度，溶解性，毒性，融点と沸点など，それぞれ決まった性質がある．したがって，未知の物質を知るためには，物質の性質を調べる方法を理解しておく必要がある．また，身近な物質に慣れるためにも，この方法を知っておくと便利である．

> **リンク**
> 酸性，アルカリ性については第10章で詳しく学ぶ．

いろいろな物質の密度をはかる

アルキメデスは王様から，金細工師につくらせた純金の王冠に，金以外の混ぜものが入っていないかどうか，王冠を壊さないで調べるように

第3章 物質を特徴づけるものは何か

one point
ヘウレーカ！

アルキメデスは，その原理のヒントを発見した瞬間，風呂から飛びだし，「ヘウレーカ，ヘウレーカ」（わかった，わかった）と叫びながら裸で走っていったという伝説が残っている．ギリシャ語で「私は見つけた」を意味する「ヘウレーカ（ΕΤΡΗΚΑ）」は，英語で「ユリイカ（eureka）」といい，科学において似たような状況を表現するのに使われるようになった．
液体中にある物体は，その物体が押しのけた体積の液体の質量分だけ軽くなる．これを「アルキメデスの原理」という．もし，王冠に混ぜものがしてあれば，同じ質量の純金と体積が異なる，とアルキメデスは考えたのである．

用語解説
単 位

単位とは，物理量（質量，長さ，体積，圧力，時間など）を測定するときの基準となるもの．たとえば，密度の単位 g/cm³ は 1 cm³ 当たりの g を表している．ちなみに，「／」は，単位を表すときによく用いられる記号で，「1△△当たりにつき」という意味である．

one point
1円玉の秘密

1円玉は，ちょうど直径2 cm，質量1 g につくってある．これを知っていると，ものさしや秤がないときに，1円玉を利用してはかることができる．

命じられた．困りはてたアルキメデスは，ある日風呂に入ったとき，水が湯船からあふれだすのを見て，調べる方法を考えついた．それは，王様が金細工師に渡したのと同じ質量の純金と細工師がつくった王冠を，ぎりぎりまで水を張った容器に入れ，それぞれを沈めてあふれでる水の体積をはかるという方法であった．その結果，やはり混ぜものが入っていることが判明した．アルキメデスは，「同じ質量の物質の体積は，物質によってそれぞれ異なる」ことを利用して，混ぜものが入っているかどうかを突き止めたのである（図3-1）．

図 3-1 風呂で発見されたアルキメデスの原理

わかった，わかった！

体積1立方センチメートル（cm³）当たりの質量（g）を「**密度**」といい，ふつう固体や液体の場合は［g/cm³］という**単位**で表す．気体の場合は値が小さくなりすぎるので，1立方デシメートル（dm³＝リットル，L）のときの質量［g/dm³］で表すことが多い．密度を求めるには，調べたい物質の質量と体積を測定すればよい．

$$密度 = \frac{質量}{体積}$$

固体の密度をはかる 1円玉は純物質か，それともいくつかの金属が混ざった混合物（**合金**という）か．これを知るには，1円玉の密度を調べればよい．1円玉の質量は，秤ではかれば求められるが（1 g である），体積はどのようにして求めたらよいのだろうか．固体の体積は，アルキメデスの原理を応用して，その固体が押しのけた水の体積，つまり固体を入れる前と入れた後の体積の差で求められる．しかし，1円玉は体積が小さく，1個だけでは体積の差が読みとりにくいので，たとえば10個分まとめて測定すればよい．このようにして，10個分の1円玉の体積が 3.7 cm³ と求まる．10個分の質量は10 g であるから，密度は 10/3.7 ＝ 2.70 g/cm³ となる．これは純物質のアルミニウムの密度と同じになる

（表 3-1 参照）．したがって，1 円玉はアルミニウムからできていることがわかる．

いろいろな金属の密度を調べると表 3-1 のようになる．この表から，それぞれの物質によって密度が異なり，金（密度：19.3 g/cm³）は同体積のアルミニウム（密度：2.70 g/cm³）より重いことがわかる．これは実感としてわかる．

アクセサリーや万年筆のペン先などに用いられている18金[*1]は，質量比で金75％に銀や銅が25％混合したものである．それぞれの物質の密度から体積比を求めると，金の体積は約60％で銀や銅の体積は約40％となる．つまり，金は体積で考えると，全体の約6割を占めるだけである．これは少し驚きである．

では，一番密度の大きい金属は何だろうか．密度のデータを調べると，オスミウム（元素記号 Os：22.57 g/cm³）という金属であることがわかる．

液体の密度をはかる　一般的にいうと，ほとんどの物質は液体のほうが固体より密度が小さい．だから，固体はその物体の液体の底に沈む（第4章で詳しく説明する）．液体の密度は，電子てんびんとメスシリンダー（図 3-2）で液体の質量と体積を調べることによって求められる．同じ体積（10 cm³）の水，天ぷら油，水銀の質量を比べると，それぞれの物質によって密度が異なることがわかる．

油と水を混ぜても溶け合わないので，密度の小さい油は水の上に浮く．石油タンカーが座礁して石油が海に流れだすと，油が海面をおおいつく

表 3-1　おもな金属の密度

	金属の密度 (g/cm³)
金	19.3
水銀（液体）	13.6
銀	10.5
銅	8.92
鉄	7.86
アルミニウム	2.70

[*1] ちなみに24金が純金である．この18金は，金の含有量が24分の18を意味している．すなわち，24：18 = 100：x から x = 75と求まる．

金のペンダント

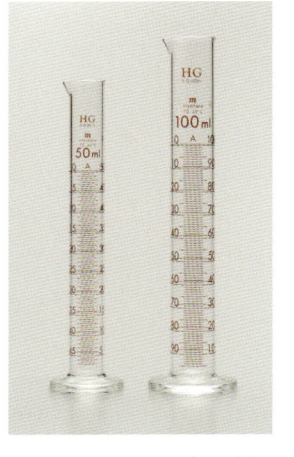

図 3-2　液体の密度をはかるための電子てんびん（左）とメスシリンダー（右）

第3章　物質を特徴づけるものは何か

one point
密度と比重

密度と混同されるものに比重がある．簡単にいうと，比重とは，固体や液体の密度を水の密度（1.0 g/cm³）と比較した値である．ある物質が水に浮くということは，比重が1よりも小さいこと，逆に沈む場合は，比重が1よりも大きいことを意味している．ものが沈むか浮くかは，この比重で考えると理解しやすい．

図 3-3
油は水に浮く

リンク
水の不思議な性質については第7章で詳しく学ぶ．

すのはそのためである（図 3-3）．

　水について一言加えておく．水は不思議な物質で，その固体の氷は液体の水に浮く．水に浮くということは，氷の密度が水より小さいということである（液体状態の3.98℃で密度が最大になり，この密度は固体の氷の1.1倍である）．

　なぜ氷は軽いのだろうか．氷では多数の水分子が結合するときに隙間の多い空洞部分が多数できる（図 3-4）．このため，液体の水より固体の氷のほうが密度が小さくなる．つまり，1 cm³ という体積に含まれる水分子の数は氷より水のほうが多いともいえる．

氷は水に浮く

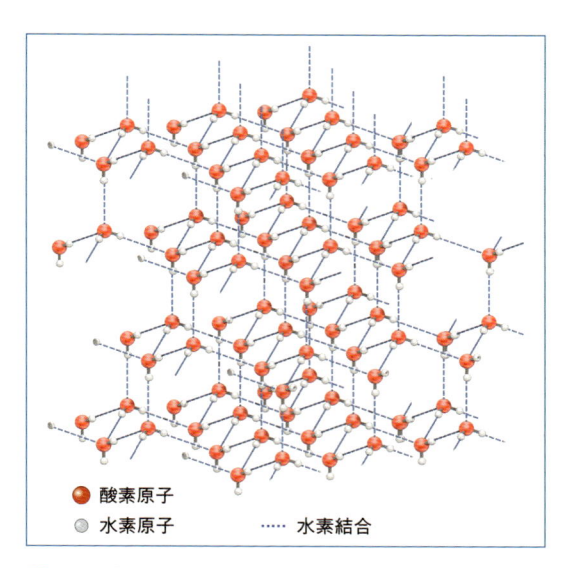

● 酸素原子
○ 水素原子　　…… 水素結合

図 3-4　水は氷になると体積が増える

気体の密度　気体の性質を調べるには，おもに色，におい，密度，溶解度，ほかの物質との反応性などに注目するとよい．気体の密度はたいへん小さいので，1 L 当たり何グラム（g/dm³）かで表すことは3.1節で述べた．

気体の密度が空気の密度（0.0012 g/cm³）より大きいか小さいかを知っていると，便利なことがある（実は空気の見かけの平均分子量[*2]28.8を知っておくともっと便利）．たとえば，ガス漏れで部屋にガスが充満してしまったとき，メタン（CH_4 の分子量は16であるから，空気より軽い）なら部屋の上部に，プロパン（C_3H_8 の分子量は44で空気より重い）なら部屋の下部にたまっていることになるので，窓を開けて充満したガスを追いだすときにその知識を活用できる．このように化学的な知識があると，生活のうえでたいへん役に立つことがある．そのことも化学を勉強し，理解することの大きな意味である．

気体を扱ううえでとくに注意しなければならないのは「毒性」があるかないかである．危険な気体を知っておくことは，命を守るうえで必要なことである．表3-2に，身近な気体のうち，代表的なもののおもな性質，毒性の有無について示す．

リンク
気体の性質については第8章で詳しく学ぶ．

[*2]　分子量については，第7章で詳しく学ぶことになるが，おおざっぱには，気体の場合は質量の指標と考えてよい．空気の体積の1/5は酸素（O_2, 分子量32），4/5は窒素（N_2, 分子量28）であるから，空気の平均分子量は次のようにして求められる．

$$32 \times \frac{1}{5} + 28 \times \frac{4}{5} = 28.8$$

表3-2　おもな気体の性質と毒性の有無

気体の種類	酸素	水素	二酸化炭素	アンモニア	一酸化炭素
化学式	O_2	H_2	CO_2	NH_3	CO
色	無色	無色	無色	無色	無色
におい	無臭	無臭	無臭	刺激臭	無臭
毒性	なし	なし	なし	高濃度では有毒	あり

物質の融点と沸点をはかる

身の回りの物質には，固体のものもあれば，液体や気体のものもある．常温（25℃）で，固体，液体，気体のいずれになるかは物質の融点と沸点で決まる．そこで，融点や沸点は物質を特定する際の大きな手がかりの一つとなる．日常的にこの融点や沸点をとくに意識することはないが，自然現象のなかでは氷が水になるとき，あるいは水が水蒸気になるときなど，状態の変化に関連する重要な概念である．

融点をはかる　**融点**とは，固体が融けて，液体になる温度のことをいう．純物質の融点は決まった値を示すが，混合物の場合はだらだらと融け

one point
「溶」と「融」の違い
「溶ける」と「融ける」はどちらも「とける」と読むが，現象は大違い．「溶ける」は水などの溶媒に砂糖などの溶質が溶け込むことをいう．一方，「融ける」は固体が液体になることで，たとえば氷が融けて水になったり，鉄のかたまりが炉のなかで融けて液体になったりする場合のことをいう．音が同じでも，字を見ればどちらの現象かがわかるので，漢字は便利である．

防虫剤 ナフタレン（左）とパラジクロロベンゼン（右）．一見，見分けがつかないが，融点が異なる．

（融解し），決まった値を示さない．したがって混合物の場合は，融け始めと融け終わりの温度を［○℃〜△℃］のように示す．このことから，融点を測定すると，純物質か混合物かを知ることもできる．また，混合物の融点は，その成分物質のそれぞれの融点よりも低くなるのがふつうである．この原理を応用したのが，電気回路の接着などに用いるハンダである．

また，防虫剤として使われるナフタレンとパラジクロロベンゼンは，同じような白色の物質だが，融点が異なる．この二種類の防虫剤を同時に使うと，気化した気体が混じり合って液化し，衣類にしみをつけることがある．このために，同じ収納場所では二つの防虫剤を一緒に使わないように注意する必要がある．化学の知識が生活の知恵に活かされる一つの例である．このようなとき，同じように見える防虫剤が，ナフタレンかパラジクロロベンゼンか，あるいはほかの物質かを，融点の違いによって知ることができる．

沸点をはかる 常圧（1気圧）で液体から気体に変化する温度を**沸点**という．ただし圧力が変わると沸点も変化する．たとえば，1気圧での水の沸点は100℃であるが，高山などの気圧が低いところでは，水の沸点は100℃より低くなり，低い温度で**沸騰**する．

物質の融点と沸点がわかれば，図3-5のように，常温（25℃）で固体か液体か気体かがわかる．

純物質の水は，1気圧のもとでは100℃で沸騰する．一方，純物質のエタノールは，1気圧のもとでは，78℃で沸騰する．そこで，図3-6の

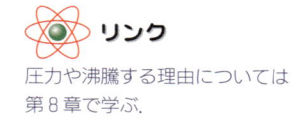

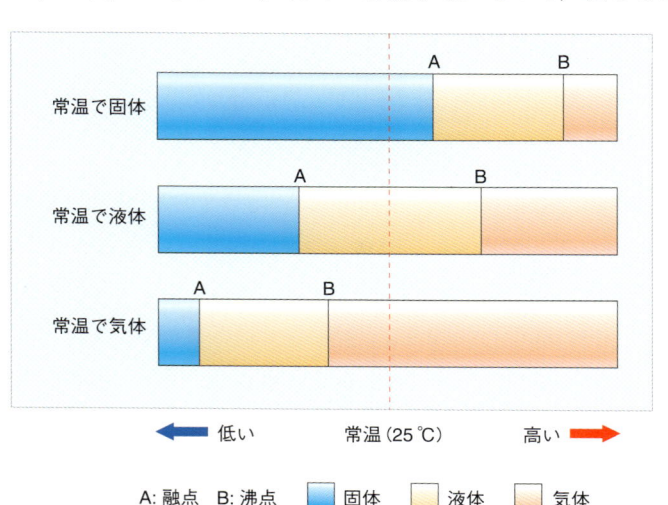

リンク
圧力や沸騰する理由については第8章で学ぶ．

図 3-5　常温で固体か液体かを調べる

A: 融点　B: 沸点　　固体　液体　気体

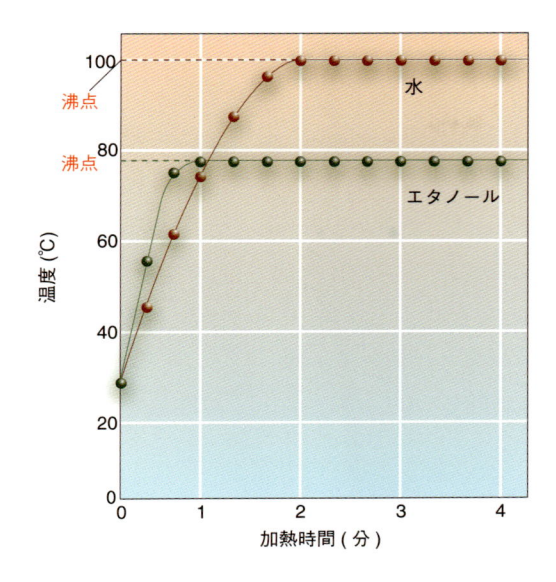

図3-6 水とエタノールの温度変化を調べる

ように，水とエタノールを別の試験管に入れ，加熱して温度変化を調べると，それぞれグラフのようになる．どちらの物質も，加熱し続けてもあるところで温度は上昇しないで一定になる．この温度が沸点である．純物質はそれぞれ決まった沸点をもっているので，沸点は物質を調べるときの重要な手がかりとなる．

ところで，物質が沸騰して液体から気体に変化しているとき，加熱し続けているにもかかわらず，温度が上昇しないのはなぜだろうか．それは，液体と気体では粒子の散らばり方が大きく異なる．液体のように粒子が集まっている状態から，気体のように粒子がばらばらに散らばるためには，大きなエネルギーを必要とする．そこで，物質が沸騰して液体から気体に変化しているときは，加熱によるエネルギーは，粒子が分散するためだけに使われる．たとえば，水を水蒸気にするために必要なエネルギーは，同じ質量の水を1℃上昇させるのに必要なエネルギーの約540倍にもなる．加熱し続けても，熱のエネルギーは，水が水蒸気になるためのエネルギーに使われて温度上昇には使われないので，沸騰している間の温度が一定になるのである．

水面から蒸発した水蒸気は，水温より気温が低いときには，冷やされて細かい水滴となる．

リンク
ここの内容は第4章の物質の状態変化とも関連する．

例題 1

夏の暑い日などに，庭やアスファルトに打ち水をすると涼しくなるのはなぜだろうか．その理由を考えて説明せよ．

第3章 物質を特徴づけるものは何か

> **解答**
> 水が水蒸気になる（気化という）には，大きな熱エネルギー（気化熱という）が必要である．打ち水をすると，水はまいたそばからどんどん蒸発してなくなり，水蒸気になっていく．このとき，水を水蒸気に変える熱エネルギーは，地面から奪われるため，その地面に接する空気の温度は低くなり涼しくなる．
> 水が気化するときの熱エネルギーは，同じ質量の水を1℃上昇させるときの540倍である．つまり，コップ1杯（0.2 L）の水を全部蒸発させるエネルギーで，10倍の2 Lの水（25℃）を80℃近くまで上昇させられることになる．したがって，コップ1杯の打ち水をすると，やかん1杯の水を沸かして80℃の湯にするときに使う熱と同じくらいの熱エネルギーが空気中から奪われることになり，涼しくなるというわけである．

3.2 混合物を分けるには

沸点を利用して分ける

純物質の水やエタノールをそれぞれ別に加熱すると，図3-6のような温度変化になるが，水とエタノールとを含んでいる赤ワインを加熱すると，どのような温度変化になるだろうか．実験してみると図3-7のように，加熱してしばらくすると，ちょうどエタノールの沸点のあたり（A

赤ワイン

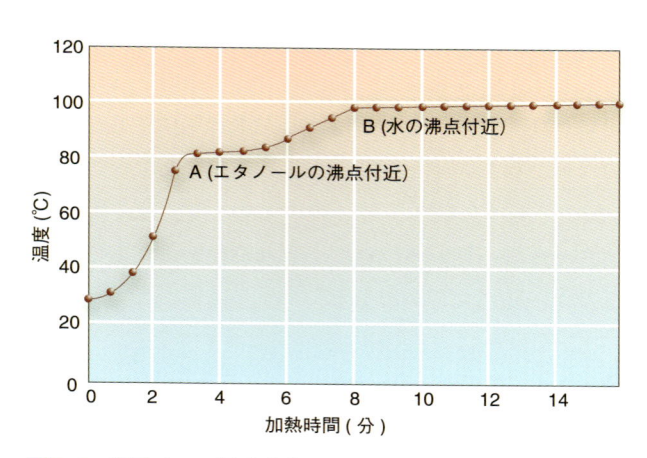

図3-7 赤ワインの温度変化

点）で温度上昇がゆるやかになり，さらに加熱すると温度は上昇し，次に水の沸点のあたり（B点）でまた温度上昇がゆるやかになる．温度上昇が止まっているときは盛んに沸騰が起こり，蒸気が発生する．つまり，水とエタノールの混合物である赤ワインを加熱すると，それぞれの沸点のあたりで，エタノールと水が沸騰していることが考えられる．

このように，赤ワインを加熱して，それぞれの沸点付近で沸騰して生じる蒸気を捕集して冷やす（気体を液体にもどしてやる）と，およそエタノールと水に分けることができる．赤ワインの色を示す物質（アントシアン系色素など）は，沸点が100℃より高いため，蒸発しないでもとの液体に残る．したがって，得られる水やエタノールは無色である．このようにして得られた水やエタノールの純度はあまり高くないが，さらに**蒸留**を繰り返すことによってある程度まで純度を高めることができる．

たとえば，原油はいろいろな化合物から構成される複雑な混合物で，その大部分は炭素と水素からできている炭化水素という有機化合物である．石油はいろいろな炭化水素類からできていて，図3-8のような分留装置を使い，原油を蒸留塔で加熱することによって，沸点の違うそれぞれの物質に分離することができる．加熱すると，まず沸点のもっとも低

用語解説

蒸 留

蒸留とは，混合物の液体を一度沸点まで加熱して，蒸気を冷やすことである物質の液体だけをとりだし（分離），きれいにする（精製）方法．

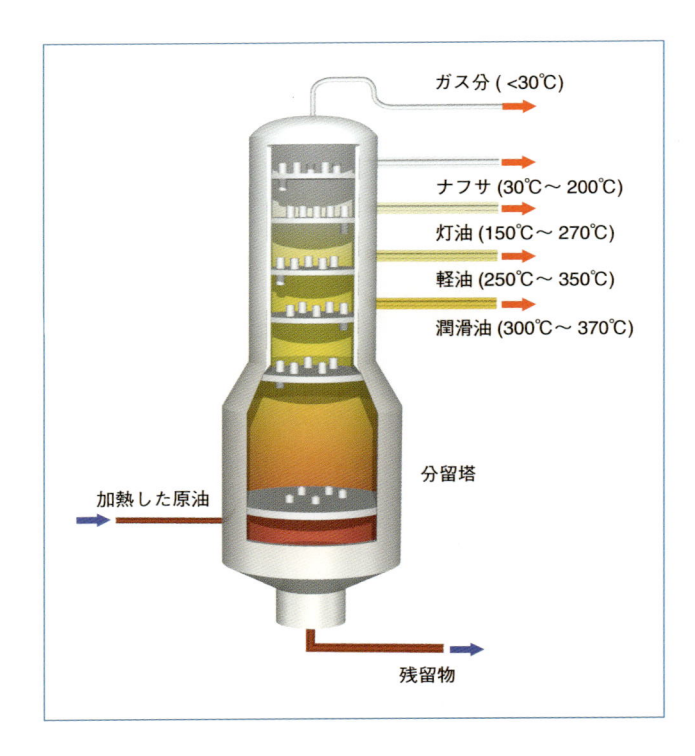

図 3-8 石油を分留する装置

い成分から気化し，その気体は分留塔の最上階へと移動する．この気体分子を冷やすと再び液体にもどり，分離される．次に沸点が高いものが上から2番目のところで分離される．同様にして，次つぎと沸点の違う炭化水素が分離されることになる．このようにして，1回の蒸留で何種類かの物質に分離することを**分留**（分別蒸留）という．

そのほかに粒子の大きさの違いを利用して物質を分ける方法などもあるが，これについてはすでに第1章で述べた．

COLUMN　日常生活に利用されている化学の原理

焼酎やウイスキーは，芋や麦などの原料をアルコール発酵させたあと，加熱して沸騰させ，蒸発してでてくるアルコールやそのほかの揮発成分を含む蒸気を冷却し，凝縮してつくられる．これが沸点の違いを利用した「蒸留」という方法である．

このように，物質の性質の違いを利用して，混合物を分離したり，混合物から目的の成分を取りだしたりすることは，日常生活でも化学の研究分野でも大いに活用されている．

コーヒーや紅茶・日本茶を入れたり，鰹節や昆布から出汁（だし）をとったり，日常何げなく行っていることも，実は物質の溶解性の違いを利用して，混合物から目的成分のみを溶かしだしているのである．この方法を「抽出」という．

たとえば，紅茶にはタンニン・カフェイン・アミノ酸・ビタミンなどが成分として含まれているが，紅茶をおいしく入れるには（茶葉や好みによって異なるが），抽出温度（95℃くらい），抽出時間（3～4分）そして十分抽出するように葉をジャンピング(泡がついて葉が浮いたり沈んだりすること)させるとよい．ただし，やりすぎると，渋味や雑味成分も抽出してしまうので味が悪くなってしまう．

ほかにも抽出を利用したものに，花や果物の香り成分を取りだしたオイルがある．水蒸気蒸留法や圧搾法などの抽出法を利用して，植物から香り成分のオイルを取りだす．このオイルは，エッセンシャルオイルまたは精油と呼ばれている．たとえばオレンジには，リモネンというオイルが含まれ，オレンジの実を熱を加えずに果皮を押しつぶして精油を絞りだす方法で抽出している．なお，リモネンは発泡スチロールを溶かすはたらきがあるので，リサイクルにも利用されている．

章末問題

1 これまでに，理科の実験などで実際に物質の性質を調べた経験はあるだろう．物質のどのような性質をどのような方法で調べたか，整理して述べよ．

2 水に浮いてしまうもの（たとえば木片）などの密度はどのようにしてはかったらよいか．簡単にその方法を説明せよ．

3 気球や飛行船に詰めるガスは，おもにヘリウムである．ヘリウムより軽い水素は，ある理由から気球などには使われない．なぜだろうか，その理由を考えよ．

4 次のような融点と沸点をもつ物質は，常温（25℃）で固体，液体，気体のどの状態になっているか考えよ．

	融点（℃）	沸点（℃）
物質 X	−38.9	356.9
物質 Y	−77.7	−33.4
物質 Z	327.5	1620

5 北極の氷や流氷には，海水と同じ濃度の塩分が含まれているだろうか．また，海水を蒸留すると，塩分を含まない水が得られるだろうか．

memorandum ◆ 指数の表示について ◆

　桁数の大きい数字を簡単に表記する手順を説明しよう．この形式は非常に大きな数や小さな数を表すときに便利で，ある数字に10の累乗数を掛けたかたちで示される．つまり，（数字）×10$^{(数字)}$となる．この10の右肩の数字を指数という．科学の世界でよく使われ，たとえば化学では第9章にでてくるアボガドロ数を表記するときに必ず登場する．

$$10 = 10^1,\ 100 = 10 \times 10 = 10^2\ (10の2乗)$$
$$1000 = 10 \times 10 \times 10 = 10^3\ (10の3乗)$$

である．最初の数字のあとに続く桁の数，つまり0の数が指数になる．例として，5,000,000をこの形式で表してみよう．まず，数字5とその桁数の積にするため，右側に並んでいる0の数を数える．6個あるので10の指数は6となり，下のようになる．

$$5,000,000 = 5 \times 1,000,000 = 5 \times 10^6$$

　1は10^0であり，0〜1の数では指数が負の整数となる．$0.1 = 1/10 = 10^{-1}$，$0.01 = 1/10^2 = 10^{-2}$（10のマイナス2乗），$0.001 = 1/10^3 = 10^{-3}$のように，小数点以下の桁数にマイナスをつけて指数にする．200,000分の1を表してみよう．

$$1/200,000 = 0.5 \times 1/100,000 = 0.5 \times 1/10^5$$
$$= 0.5 \times 10^{-5} = 5 \times 10^{-6}$$

同じく小数点表示からは，

$$1/200,000 = 0.000005 = 5 \times 1/1,000,000$$
$$= 5/10^6 = 5 \times 10^{-6}$$

と表せる．なお，$\times 10^{-2}$は100分の1で％，$\times 10^{-6}$は100万分の1でppmに相当する．

第 4 章 物質の状態は何によって決まるか

　物質に，大きく分けて気体，液体，固体という三つの状態があることは，これまでの章にもでてきた．これらの物質の状態は何によって決まり，それぞれどのような違いがあるのだろうか．この章では，これらについて学んでいくことにする．

4.1 物質の状態を決める要因は何か

物質の状態は粒子間にはたらく力に依存する

　物質は粒子（原子や分子）から構成されていることはすでに第 1 章でみてきた．それらの粒子と粒子の間には互いに引き合う力（**引力**）がはたらいている．それぞれの物質が，気体，液体，固体のどの状態で存在するかは，これらの粒子間にはたらく力（引力）と粒子の運動の激しさとのかね合いによって決まる．物質の内部では温度に応じて粒子が絶えず動いている（図 4-1）．

　温度が次第に高くなり，分子や原子の運動がより激しくなると，それらの粒子はついには粒子間の引力を振り切ってより自由に運動するようになる．したがって，温度が上がると，固体は液体に，液体は気体にな

図 4-1　温度によって粒子の動きが違う
高温になるほど粒子の動きが活発になる．

第4章 物質の状態は何によって決まるか

たとえば，ダイヤモンドをつくっている粒子は炭素原子（C）であるが，ダイヤモンドでは炭素原子どうしの結びつきが非常に強いので（図4-2），ダイヤモンドを固体から液体にするためには3550℃もの高温にしなければならない．水晶の成分の二酸化ケイ素（SiO_2）も同様で，酸素原子とケイ素原子が非常に強く結びついてできているため，水晶を融かして液体にするには1550℃にしなければならない．ダイヤモンドや水晶は，非常に強い力ですべての原子どうしが結びついている固体で，非常に硬い性質をもつ．

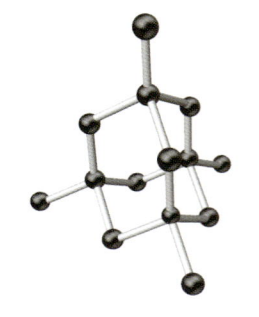

図 4-2　ダイヤモンドのなかの原子のつながり方

また，アイスクリームや冷凍食品の保冷剤として使われるドライアイスは，常温では気体の二酸化炭素（CO_2）が，－78℃という低温で固体になったものである（図4-3）．このような低温では，二酸化炭素の分子どうしの間にはたらく力によって固体の状態をとっている．この分子の間の力は非常に弱いため，ふつうの温度では分子の運動のほうが分子間の引力を上回り，すぐに気体へと変化して見えなくなる．またドライアイスは簡単に切ったりくだいたりできる．二酸化炭素のように分子と分子の間にはたらく引力を**分子間力**という．粒子の間にはたらく引力は，粒子間の距離が大きくなると（粒子が離れて存在すると）非常に小さくなる．

ドライアイス（左）に水を加えると激しく昇華して気体の CO_2 になる．このとき低温の CO_2 によって水蒸気が冷やされて凝縮し，生じた液体の水の微粒子が雲のように見える（右）．

図 4-3　ドライアイスの状態変化

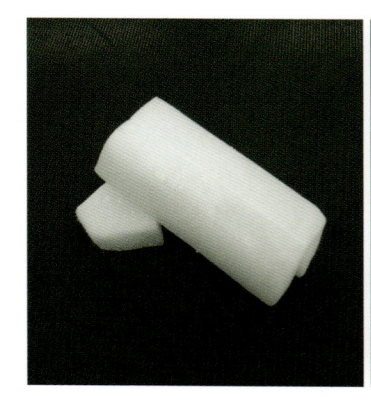

気体，液体，固体の集合状態には大きな違いがある

気体，液体，固体という三つの物質の状態では，物質を形づくっている分子や原子の集合状態に大きな違いがある（図4-4）．

固体では，粒子が互いにできるだけ近くなるようにぎっしり集まって

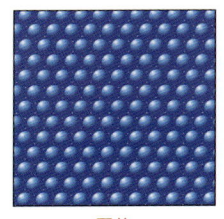

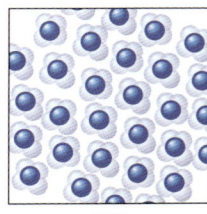

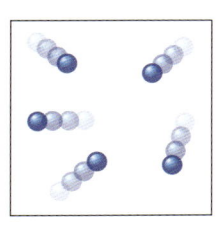

固体　　　　　　　液体　　　　　　気体　　　図 4-4　固体・液体・気体の状態の違い

いる．このように原子や分子などの粒子がぎっしり集まることが，固体が形をもった固まりであり，一般に密度が高いという性質に結びついている．粒子が規則正しく集合している固体を**結晶**という．ダイヤモンドの結晶のように原子や分子などの粒子間の結びつきが強いものは，硬い物質である．固体の内部では，粒子の間の距離が小さく，粒子どうしに強い力がはたらいている．したがって，各粒子は定位置でわずかに振動しているだけでほとんど動かない．

　一方，**液体**では，粒子はかなりぎっしり詰まっているが，その集合状態は固体より不規則で，粒子はそれぞれの位置を変えてたえず動いている．そのため，液体は水のようにそれ自体の形はなく，流れ動く性質（流動性）がある．液体と固体を比べると，液体では粒子が動けるだけの「すきま」があることになり，一般的には液体のほうが粒子間の距離が大きい．一定の質量の固体が融けて液体になると，多くの物質は体積が増える．つまり，ふつうの物質では，固体よりも液体のほうが密度が小さいことになる．

　気体になると，粒子はばらばらな状態で存在し，粒子の間の距離が非常に大きく，粒子自体の体積より，空間部分の体積のほうが圧倒的に大きくなる．つまり，粒子どうしの間にほとんど力がはたらかず，粒子は空間を自由に飛び回っている．液体と同様，気体にもそれ自体の形はなく，流動性がある．もちろん密度はかなり低くなる．たとえば，1気圧で100℃の気体の水の密度は，100℃の液体の水と比べて1/1700である．

固体と液体を分かつもの

　固体は，硬く，形を保っている．力を加えたときの変形しやすさは物質の種類によるが，固体は力を加えて体積を小さくしたり大きくしたりすることは難しい．一方，液体には決まった形がなく，容器によって形が変わる．しかし，液体も力によって体積を増減させることが難しい．

用語解説

非晶質

固体であっても粒子の集合状態が不規則なものを非晶質（アモルファス）という．ガラスがその代表であるが，見かけは固体と変わらない．しかし，内部の状態は結晶とかなり異なり，粒子が不規則に配列している．

リンク

液体と固体の密度については第3章で詳しく解説した．

第 4 章　物質の状態は何によって決まるか

実際に，注射器に液体の水を入れて，もれないように先をふさぎ，ピストンに力を加えても体積が大きく減ることはない．

このように，固体も液体も，それを構成する粒子（原子や分子などのミクロの粒子）どうしが接近して「しっかり詰まって」おり，このことがそれぞれの性質に大きく影響することになる．

固体には，水晶のように硬いもの，塩化ナトリウムの結晶のように力によってくだけるもの，鉄や銅のように力によってくだけずに変形するものなどがある．鉄，銅，アルミニウムなどの金属は固体のままで電気を通すが，水晶，塩化ナトリウム，砂糖，ドライアイスなどの固体は電気を通さない．ただし，塩化ナトリウムは水に溶かすと電気を通すようになる．砂糖をスプーンにのせて加熱すると，どろっと融けた後，黒くこげる．このように，固体はさまざまな特徴をもついくつかのグループに分けられるが，それらの性質の違いは物質をつくる粒子の違いによるもので，実はもとになる原子の種類や原子の結びつき方の違いが物質の性質を決める大きな要因となっている．したがって，さまざまな物質がどのような元素（原子の種類）から構成されているかに注目することは物質を見るときの重要な決め手の一つである．

固体の水晶は電気を通さない．

固体，液体とは違う気体の特徴

気体は，色のないものも色のあるものも透きとおって見える．気体にもちゃんと質量があるが，気体の密度は固体や液体に比べて非常に小さいことはすでに述べた．そのため固体や液体と違って，比較的容易に体積を変えること（圧縮や膨張）ができる．これらの性質は，気体では分子がばらばらに存在して，たえず飛び回っていることによる．

ポリ袋に空気などの気体を入れてふくらませて，気体がもれないように袋をふさぐと，袋のなかで気体の粒子が飛び回っているため，気体が一定の体積を示す．このとき，袋のなかの気体が外に向かって押す力と，外から空気が押す力がつり合っている．実際には見えないが，私たちのまわりにある空気中の気体の分子はたえず飛び回っている．気体の分子が飛び回ってもの（物体）にぶつかる力が**圧力**である．気体の分子が同じ時間に衝突する回数の違いが圧力の違いとなる．

空気を注射器のようなピストンのついた容器に入れて，空気がもれないように先をふさぎ，力を入れてピストンを押すと，空気は簡単に縮んで体積を小さくすることができる．気体粒子の間の距離が大きく，粒子

リンク
気体の性質については第 8 章で詳しく述べる．

のまわりの空間の体積が大きいので押し縮めることができたわけだ．逆に，押さえていた力を緩めると気体はもとの体積にもどる．自転車や自動車のタイヤなどはこの気体の性質を利用したものである．

　気体を調べるとき，とくにそれぞれの性質の違いに注目する場合は，次の点に着目するとよい．

気体の色　色のない無色の気体が多いので，色のついた気体は色がその気体の重要な特徴になっている．たとえば，自動車の排気ガスなどに含まれる一酸化窒素（NO）は無色の気体であるが，空気中の酸素（O_2）と反応すると赤かっ色の二酸化窒素（NO_2）に変化する．

気体のにおい　気体のなかには，特有のにおいをもつ気体がある．温泉の湯のなかに含まれる硫化水素（H_2S）は，卵をゆでたときに卵のタンパク質が反応してでることがある．アンモニア（NH_3）にも特有のにおいがある．空気中の窒素（N_2），酸素（O_2），二酸化炭素（CO_2），水蒸気（H_2O），水の電気分解でできる水素（H_2）などにはまったくにおいがない．

気体の溶解しやすさ　水に溶けやすい場合は，気体が溶けた後の水溶液が酸性，中性，塩基性のいずれかを調べることも大切である．

気体の密度　気体が空気より重いか軽いか（これについては第3章でふれた）を調べ，気体の密度を比較するとよい．

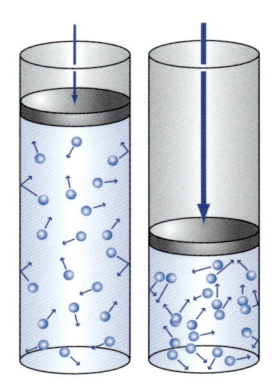

空気は簡単に縮む

リンク
水の電気分解については第12章で学ぶ．また酸・塩基については第11章で詳しく解説する．

4.2　物質の状態は温度によって変わる

物質の状態は変化する

　物質の状態（固体，液体，気体）はどのように変化するのだろうか．水は，観察するにはたいへん都合のよい物質である．温度を変えると，液体状態の水は固体の氷や気体である水蒸気に変化する．このような状態の変化を，次のように呼んでいる．

　　液体から固体：**凝固**　　固体から液体：**融解**
　　液体から気体：**蒸発**　　気体から液体：**凝縮**
　　固体から気体：**昇華**　　気体から固体：**昇華**

　たとえば，ロウソクのロウは加熱するとすぐに融解する（固体→液体）．液体のロウは芯を上がって蒸発してから気体となって燃える（図4-5）．また，ドライアイスは気体の二酸化炭素が固体になったものであるが，放置しておくと気体に直接変わっていく（昇華，固体→気体）．

one point
用語の使い方に注意
昇華の用語は固体→気体または固体→気体→固体の一連の変化について呼ぶのが一般的になってきたが，気体→固体の変化のみについて昇華と呼ぶこともある．

第4章　物質の状態は何によって決まるか

図 4-5　ロウソクは状態変化をしながら燃える

粒子の運動と温度の関係

　一般に物質は温度を上げると，固体→液体→気体の順に変化する．水は，通常の大気圧のもと，0℃以下では固体の氷であるが，0℃から100℃の間は液体で，100℃を超えると気体の水蒸気になる（図4-6）．これはなぜだろうか．すべての物質が粒子でできているということをもとにして考えてみよう．

　物質を構成する分子・原子などの粒子は個々に運動していることがわかっている．前節でも述べたが，固体の状態では各粒子は基本の定位置

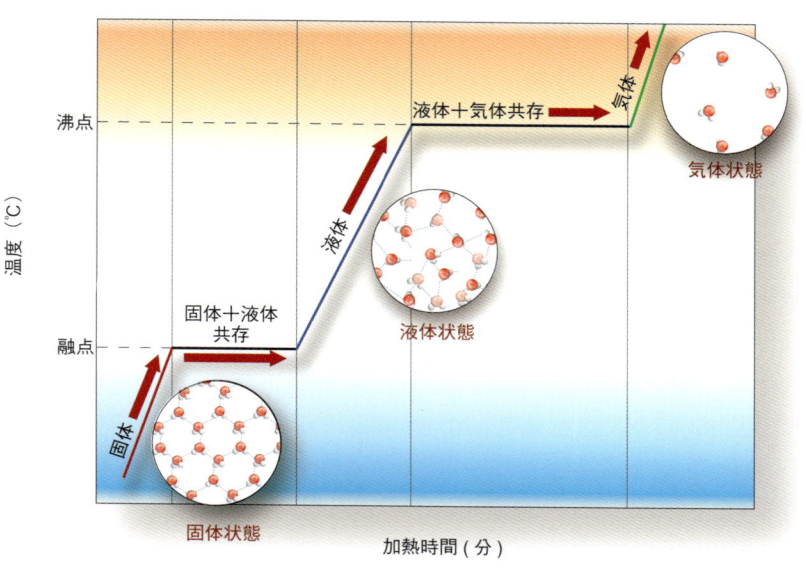

図 4-6　水の状態変化

を変えずに振動している．液体では，粒子がお互いの位置を変えるようにたえず移動している．気体では，粒子は空間を自由に激しく飛び回っている．

物質を熱すると，粒子の運動（**熱運動**）は激しくなり，その物質の温度が上昇する．逆に物質から熱を奪うと，粒子の運動はゆるやかになり，温度が降下する．原子や分子などの粒子の運動を平均したものと物質の温度は比例する．このことから，物質の熱運動によって温度が決まることがわかる．

微粒子の運動を直接観察する

分子や原子などの粒子は，気体ではものすごい速さで，液体中でもある程度の速さで自由に運動しているが，これらの運動を直接見ることはできない．しかし，その分子の運動を間接的にでも観察することができれば，分子の存在を確かめることができるはずである．

1827年，イギリスの植物学者ブラウンは，花粉が水を吸って破裂してでてくる微粒子が不規則な運動をたえず続ける様子を観察した．さらにブラウンは，さまざまな物体の微粒子が同様な運動をすることを報告した．この運動は**ブラウン運動**と呼ばれ，液体中だけでなく，空気中の煙や煤の微粒子などでも見られる運動である（図4-7）．これは，高速で自由に熱運動をしている気体や液体の分子がそのなかに分散している微粒子に衝突するために起きるものと考えた．それを引き継いで，1905年，アインシュタインはブラウン運動を分子の運動の理論によって説明した．その後，フランスのペランは1908年から1913年にかけて，数々の実験を

> **one point**
> **気体分子の速さは？**
> 20℃，1気圧における酸素分子 O_2 や窒素分子 N_2 の速さは約500 m/s であり，音速（約340 m/s）を超えるものすごい速さで運動していることになる．なお，気体分子の速さは，軽い気体の分子ほど，また同じ種類の気体では温度が高いほど速い．

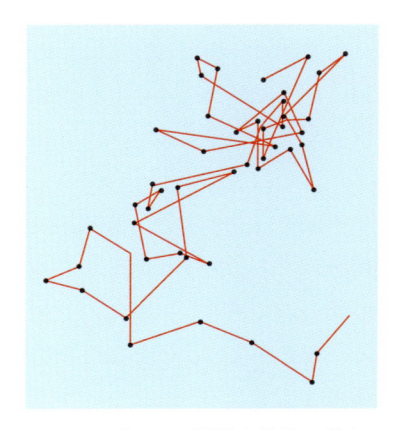

図4-7 ブラウン運動と粒子の動き

ブラウン
スコットランド生まれの植物学者（1773〜1858）．オーストラリアの植物を研究したことでも有名．

繰り返して，アインシュタインの理論を実証し，分子の大きさを求めることに成功した．これにより，分子や原子の実在が広く認められるようになり，分子が自由に運動していることが証明されたのである．このように，原子や分子という究極の微粒子の存在が認められたのは，わずか100年ほど前のことである．

ペラン
フランスの物理学者（1870〜1942）．長年，パリのソルボンヌ大学の教授を務めた．1926年にノーベル物理学賞を受賞．

> **例題 1**
>
> チンダル現象（第1章参照）を利用した顕微鏡を用いると光の点の不規則な動きとしてブラウン運動を観察できる．このブラウン運動では，水などの分子の動きが，コロイド粒子の動きにどのように影響しているのか説明せよ．
>
> **解答**
>
> ブラウン運動は，コロイド粒子が示す不規則な運動である．水などの分子はたえず運動しているが，粒子が小さすぎて顕微鏡で観察することができない．コロイド粒子はたえずまわりの水分子と衝突を繰り返しながら動いている．つまり，水分子など顕微鏡で観察できない分子の運動の影響でコロイド粒子のみが動いて見える．

4.3 状態変化とエネルギーの関係

熱と温度の違いを理解しよう

熱や温度という言葉は日常的に用いられるが，熱と温度は異なる．体に感じる熱の感覚だけで熱や温度をとらえると，熱を正しく理解できない．もちろん私たちは日常的に，温度の違う二つのものを接触させると，温度の高いほうから低いほうに熱が流れることを知っている．ここでは，温度と熱をしっかり区別して，粒子の動きとどう関係しているかをみていこう．

物質を構成する分子や原子は，不規則で無秩序（ランダム）な運動をしている．物質の**温度**とは，その分子や原子などの粒子一つ一つの運動のエネルギーを平均したものである．これに対し**熱**とは，粒子のもつエネルギーの総和である．したがって，同じ温度の物質が2倍の質量あれば，その物質のもつ熱は2倍となる．

例題 2

同じ種類の二つのコップA，Bがある．Aには20℃の水が50g入っており，Bには20℃の水が100g入っている．AとBのもつ熱エネルギーを比較せよ．

解 答

AとBのコップの水の温度はどちらも20℃で同じだが，BのほうがAの2倍の質量がある．したがって，BはAの2倍の熱エネルギーをもっている．

物質の構成粒子のランダムな運動のエネルギーを「**熱エネルギー**」と呼ぶ．そして，単に「熱」というときは，温度差のある物体間の熱エネルギーの流れを意味する．

熱の量をはかるには，それを表す単位が必要である．現在，世界共通の熱の単位は**ジュール**（joule，J）であるが，歴史的にはカロリー（cal）という単位も使われたことがある．

さて，物質に熱が加えられると，物質を構成する原子や分子の運動のエネルギーに変わる．その熱によって物質の温度が上昇し，さらには物質の状態が変化する．このとき，「物質の内部エネルギーが増大する」という．

同じ温度でも，物質によってその物質の粒子を運動させるのに必要な熱エネルギーは異なる．どの物質の粒子がどのくらい熱エネルギーを必要とするかは，物質の**比熱**を比べるとわかる．比熱とは，その物質の一定質量（基準1g）を一定温度（基準1℃）上昇させるのに必要な熱エネルギー（単位 J）である．比熱が大きい物質ほど，温まりにくく，さ

用語解説
1ジュールとは？

1ジュール（J）は，「1ニュートン（N）の力が力の方向に物体を1メートル動かすときの仕事」と定義されていて，この仕事をするときのエネルギーである．1Jとは，およそ100gの重さの物体（単一乾電池1個がほぼ100gである）を1mもちあげるときの仕事に相当する．

表 4-1　おもな物質の比熱

物　質	比熱〔J/(g・℃)〕
水（液体）	4.2
水（固体：氷）	2.1
アルミニウム	0.88
鉄	0.44
銅	0.38
銀	0.24
ガラス	0.67

第4章 物質の状態は何によって決まるか

めにくい．液体の水は大きい比熱をもつ（表4-1）．水の分子どうしの引力（分子間力）が大きく動きにくいからである．水の比熱は4.2 J/(g・℃)であり，これは1 gの水の温度が1℃上がるときに4.2 Jの熱を吸収し，1℃下がるときに4.2 Jの熱を周囲に放出することを意味する．このような水の熱をたくわえる性質が，実は地球の気象や気候変動に大きく関係している．

水の性質が気象や気候変動に関係する．

エネルギーを加えると状態は変化する

固体の水（氷）に熱エネルギーを加えていくと，水分子はその場所で振動するが，だんだん激しくなり，温度が0℃になると融解して液体の水となることはすでに説明した．固体の水がすべて液体の水に変わるまで，加えられた熱エネルギー（**融解熱**という）はすべて状態変化に使われるため，温度は0℃のまま変化しない．

すべてが液体の水に変わると，加えられた熱エネルギーによって水分子が激しく動き回り，温度が上昇していく．液体の水の表面からは常に水分子が気体となって飛び去っていて（蒸発），密閉しないと質量が減る．これは，液体内部にある分子が四方八方の分子からの引力（分子間力）で束縛されているのに対し，表面にある分子は内側にある分子の引力しか受けていないので，分子の運動が激しくなると，分子間力を振り切って飛びだしやすくなるからである（図8-12参照）．水を入れた容器にふたをしておけば，気体になった分子が飛び去ることはなく，そのうち液体の水の表面にぶつかり液体内部にもどってくるから，液体の質量は減らない．

リンク
表面分子の動きに関しては第8章の表面張力の説明とも関連する．

水は，通常の大気圧のもとでは，温度100℃になると液体の内部からも蒸発が起こって気体の水（水蒸気）になる．この現象が沸騰である．この温度では，内部で四方八方から分子間力を受けている分子でも気体にできるほど分子の運動が激しくなる．液体の水がすべて気体に変わるまで，加えられた熱エネルギー（**蒸発熱**という）は液体→気体の状態変化に使われるため，温度は100℃のまま変化しない．

液体の水と固体の水（氷）は目に見えるが，気体の水（水蒸気）ではミクロの粒子，つまり水の分子の距離が非常に大きくなってばらばらになって存在するので，目に見えない．やかんに水を入れてコンロの火にかけると，水が沸騰する．このとき，よく観察すると，やかんの口のすぐ近くでは気体の水蒸気なので何も見えないが，口から少し離れたとこ

リンク
沸騰については第8章でも解説している．

4.3 状態変化とエネルギーの関係

ろでは気体の水蒸気が膨張して冷えて湯気（液体の水）になって白く見える．口からもっと離れたところでは，液体の表面からすべての水分子が蒸発してまた湯気が消えて，気体の水蒸気になり何も見えなくなる．このように，水蒸気にも温度の違いがある．やかんの口の近くではほぼ100℃だが，湯気の先の水蒸気は温度が低い．

水を冷やすと氷になる（凝固する）のは，温度が下がって水分子の運動がにぶり，粒子の間の力が強くはたらくようになり，粒子が定位置で振動するようになったからである．冷たいコップや缶ジュースの外側に水滴がつくのは，缶の周囲の温度が下がり空気中にばらばらに存在していた気体の水分子の運動がゆるやかになって容器の表面で液体になる（凝縮する）からである．

one point
水蒸気の温度は100℃を超える
気体の水（水蒸気）にさらに熱エネルギーを加えると，水蒸気の温度が上昇して，マッチに火がつくほど高温にすることができる．

COLUMN　電子レンジのしくみ

電子レンジのエネルギー源は，マグネトロンという装置で発生させたマイクロ波である．マイクロ波が照射されると，極性（第7章参照）をもつ水分子がエネルギーを吸収して激しく運動するため，水分子を含む食品などの温度が上昇し，加熱された状態になる．マイクロ波は水分を含んだ物質には吸収され，そのエネルギーで温度が上がるが，プラスチックなど水を含まない物質は透過するので，食品が効率よく内部から温まる．このように，電子レンジは水を含む食品を器のままスピーディーに温めるという，分子の運動が温度を上げることを利用した画期的な調理法である．なお，マイクロ波は金属にあたると電流が流れて火花が飛ぶことがあるため，金属製の容器は使用できない．

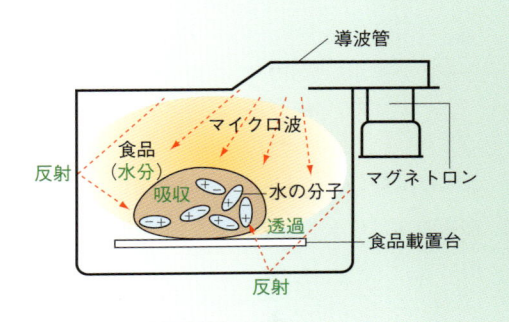

第4章 物質の状態は何によって決まるか

COLUMN　　コンピュータ社会に欠かせない液晶

液晶は固体（結晶）と液体の中間状態の一種で，粒子がある方向には規則正しく並んでいて，別な方向には不規則な状態（配列）をもつ物質のことである．液晶には粒子（分子）の配列の違いにより，多くの種類がある．棒状の液晶の分子が分子の軸と同じ方向にそろったタイプはネマティック液晶と呼ばれ，これを偏光フィルターと組み合わせたのが液晶ディスプレーである．イカ墨は天然の液晶物質としても知られている．イカ墨のように液晶分子がらせん状に配列したもの（らせん構造をもつネマティック液晶）をコレステリック液晶といい，温度によって色が変わる温度計などに利用されている．スメクティック液晶という層状構造をもつ液晶もある．

このような液晶は，テレビをはじめ，パソコンのディスプレー，携帯電話などに使用され，今日のコンピュータ社会には欠かせない材料となっている．

章末問題

1 気体の密度を調べるとき，どのような実験をすればよいか．二酸化炭素 CO_2，酸素 O_2，ヘリウム He，アンモニア NH_3 などの密度を調べる実験の方法を考えてみよ．

2 自動車のブレーキにはブレーキオイルという油が用いられている．液体のオイルが使われている理由を説明せよ．また，このブレーキオイルに気泡が生じるとどのような点で問題があるか説明せよ．

3 液体の二酸化炭素をみるための実験方法を説明せよ．

4 富士山頂では，水は87℃で沸騰する．富士山頂で，87℃より高温で水を沸騰させるにはどうしたらよいか．

5 多くの物質は固体よりも液体のほうが密度が小さいが，水は液体のほうが固体（氷）よりも密度が大きい．その理由を説明せよ．

6 身近な生活で液晶がどのようなところで利用されているかを示せ．

7 水はほかの物質に比べて比熱が大きい．このことは太陽の熱エネルギーを受けたときの陸地と海洋の性質の違いにどのように関係しているか説明せよ．

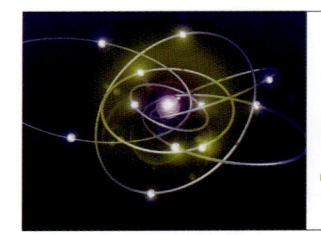

第 5 章 すべての物質は原子からできている

　身の回りにあるすべての物質は原子が集まってできている．数百万，数千万という多種多様な物質が存在することを考えると，たくさんの種類の元素があるように想像するかもしれないが，実は，元素はたった110種類ほどしかない．この章では，すべての物質のもとになっている原子について学んでいくことにする．

5.1　原子の多様な組合せが多様な物質を生む

物質のもとは何か

　人びとはこの宇宙を構成している基本となる物質（**元素**）を，昔から追究してきた．古代ギリシャの哲学者タレス（ギリシャ七賢人の一人，紀元前6世紀ごろの人）は，万物の基本物質は水であると考え，自然界のさまざまな現象を説明した．ほかにも，空気，火，土であるという主張や，水を含めてその四つが究極の元素で，万物はこれら四つの元素の組合せによってつくられていると主張する哲学者も現れた．異なる文化が発達した古代インドや中国でも，宇宙を構成する基本物質に関して，同じような考えが生まれていた．

　その後，紀元前5世紀ごろ，ギリシャのデモクリトスは，物質をどんどん細かく分割していくと，もうこれ以上分けられない粒子が得られると考え，この粒子を「atomos（分割できない粒子という意味）」と名づけた．これが**原子**（atom）の語源である．

　一方，哲学者のプラトンやアリストテレスは，「物質は無限に分割できる連続体であり，真空は存在しない」という説を主張した．唯物論的[*1]なデモクリトスの考えに対して，アリストテレスらのこの考えは中世キリスト教世界で権威をもつようになり，長い間支持された．

　近世になり，アリストテレスらの考えでは否定されていた「真空」が存在することが証明された．さらに17世紀にニュートンが「万有引力の法則」を，ボイルが「元素の概念」を発表して，アリストテレスの物質

> **one point**
> **原子と元素の使い方**
> 原子と元素ということばの使い方をよく混同している人がいる．原子は実際に存在する粒子のことをいうが，元素は，物質が何からできているかという，その種類に着目して述べるときに使うことばである．つまり，元素は原子の種類を表すのに対し，原子はその実体をさすのである．水素元素とはいわないし，原子周期表ともいわない．

[*1]　すべての現象は物質とその関係や変化として説明できるとする考え方．

第5章　すべての物質は原子からできている

one point
ラボアジェの実験

酸化水銀を加熱して，金属と助燃性の気体に分け，その逆の方法で酸化水銀を水銀と空気からつくりだせることを実証した．

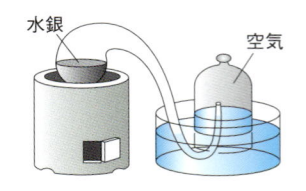

観は終わりを迎えることになった．18世紀にラボアジェは酸化水銀の質量変化を測定する実験を行って，今日の元素の考えの基礎となる近代的な元素の考えを提唱した．

現代化学の基礎になったドルトンの原子説

19世紀のはじめ（1803年），イギリスのドルトンが，デモクリトスの原子の考えを取り入れて，「物質は，それぞれの種類に応じた最小の粒子が集まってできている」という原子説を唱えた．その中心は次の四つにまとめられる．

① 原子は種類によって決まった質量をもつ
② 原子は変わらない
③ 原子はそれ以上分割されない
④ 原子はなくなったり，新しく生まれたりしない

そして，原子量の考えや元素記号も提案した．

古代の原子論は発展しなかったのに，**ドルトンの原子説**はいまでも世界中の教科書に書いてあり，誰でも知っている．この違いは，仮説を立てて，自然観察や実験による事実を用いた検証，さらに証明できたことを法則化して，本などで知らせて共通の知識とする，という科学の方法が確立したことによる．人びとの常識を覆すような，大規模で印象深い実験が行われ始めたのもこのころからである．

ドルトン
イギリスの化学者（1766〜1844）で，色盲の科学者として知られている．

5.2　元素をグループに分ける周期表の発見

これまでに110種類以上の元素が発見されたり，人工的につくられたりしている．自然界に存在することが確認されているのはそのうち90種類である．これらの元素には，それぞれ決まった記号がつけられている．元素の発見が続き，種類が増えてくると，元素の性質に基づいて，元素をグループ分けして理解する考え方が広まっていった．この節では性質の共通点に着目して元素をグループに分けて考えてみよう．

one point
錬金術の遺産

金は得られなかったが，その代わりに蒸留法や多くの薬品の発見など，化学のもとがつくられた．金の変換には「賢者の石」が必要とされ，その捜索は多くの小説やドラマの題材にもなっている．

元素の性質が周期的に変化する

中世には，錬金術師たちがものを金に変えようと試行錯誤の日々を送っていた．その後，研究が進み，いろいろな法則が発見され，錬金術のなかから自然科学がめばえたのは17世紀なかごろ（日本では江戸時代の

5.2 元素をグループに分ける周期表の発見

初期）のことである．科学者は，「自然は調和がとれている．だから自然を支配する法則は美しいものであるはずだ」と考えていた．

こういう背景のなかで，元素をグループに分けることを考え始めたのは，60個ほどの元素が知られるようになった19世紀のことである．元素をある順に並べると周期的に同じような性質が現れることがわかってきた．このように元素の性質が周期的に変化することを元素の周期律というが，この法則を説明するのに，最初は「オクターブの法則」「三つ組元素説」など多くの試みがなされた．

> **one point**
> **自然法則の不思議**
> 西洋の音楽で用いられる音階には七つの高さがあり，八つ目でもとにもどる．これを「オクターブ」といい，八つ目ごとに同じ性質が出現する．これは，キリスト教の影響で三位一体の3とか1週間の7という数は自然の法則のもとになる数とされたことに由来する．

周期表の読み方

原子の質量の順に並べる もっともうまく元素を分けるには，原子をどのような性質の順に並べればよいのだろうか．19世紀のなかごろ，ドイツのマイヤーは，元素（単体）を原子1個当たりの質量の軽いほうから順に並べると，原子1個当たりの体積（密度の逆数）が周期的に増えたり減ったりすることを見つけた[*2]．

同じ19世紀のなかごろ，マイヤーの友人であるロシアの科学者メンデレーエフは，元素をおよそ原子1個当たりの質量の軽い順に並べていくと，化学的な性質の同じような元素が周期的に現れることを発見し，表をつくって示した．これを元素の**周期表**という．

メンデレーエフの周期表（短周期表と呼ばれる．図5-1）には，最初はおおまかに質量が小さい順に元素を並べていたが，順序と性質が合わないところもあったのでそこは入れ替えた．また，いくつかの空欄があ

[*2] 当時は，原子1個の質量が測定できたわけではなく，相対的な質量から計算したものである．これに相当するのは原子量であるが，詳しくは第7章で述べる．

メンデレーエフ
周期表の父ともいわれるロシアの化学者（1834～1907）．

図 5-1 メンデレーエフが考えた短周期表

第5章　すべての物質は原子からできている

one point
周期表の評価
ガリウム，スカンジウム，ゲルマニウムの三元素の発見により，メンデレーエフの周期表の評価は非常に高くなった．

one point
原子の質量　逆転の謎
現在では，元素の平均の質量は，その元素にある同位体の種類と割合（p.62参照）で決まることがわかっている．原子の質量で並べるのと原子番号で並べるのとでは順序が逆転することがあるが，これは不思議ではない．

ったが，当時知られていた元素は63種類しかなかったため，その空欄の場所に未発見の元素があるはずだと考えた．メンデレーエフは1869年に上下や前後との関係からその性質を予言した．その後15年間に，予言通りの元素ガリウム（Ga），スカンジウム（Sc），ゲルマニウム（Ge）が発見された．周期表は元素の性質を系統的に考えたり，未知の性質を予測したりするのに役立つことが証明された．

陽子数の順に並べる　現在は，図5-2のような周期表（長周期表）が使われている．また，それぞれの元素が身近なところでどう使われているかを表した周期表（見返し：一家に1枚周期表を参照）もある．これら現在の周期表には原子の質量の逆転している箇所がいくつかあることに気づいただろうか？

20世紀になって原子の構造が明らかになるとともに，周期表では元素が**陽子**の数（＝原子番号）の順に並んでいたことがわかり，さらに同位体の存在が明らかになってから，この原子の質量が逆転する謎が解けた．また，希ガスなど新しい元素が発見されて，わかりやすく工夫されて現在のかたちとなった．

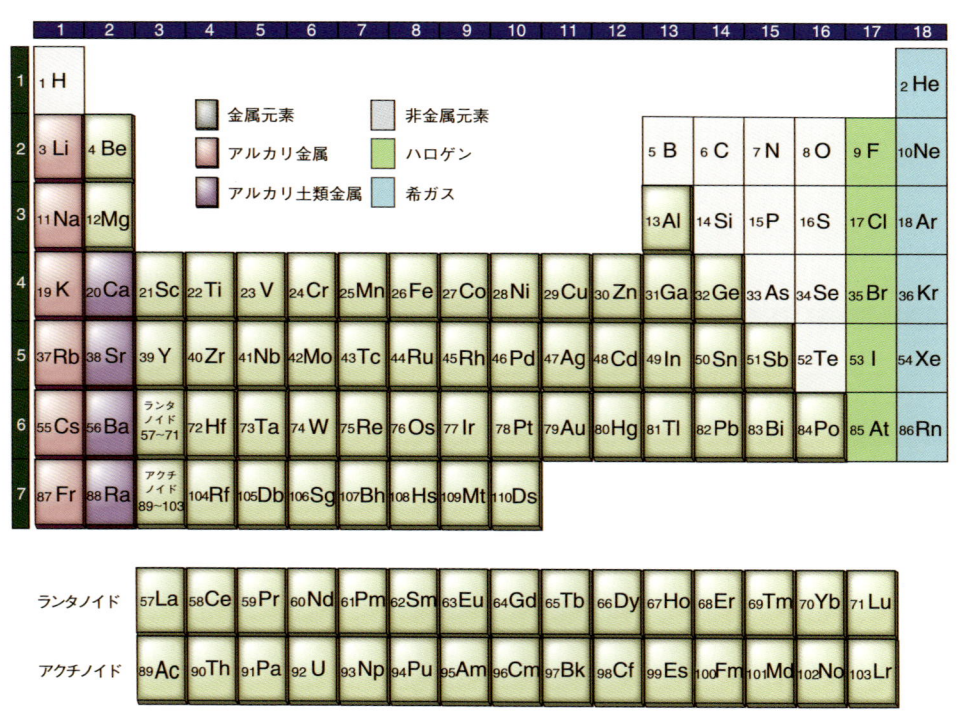

図5-2　現在使われている長周期表

元素名と元素記号 元素の周期表を見ると，すべての原子はアルファベット1文字（水素H，炭素C，窒素N，酸素Oなど），あるいは2文字（ネオンNe，ナトリウムNa，アルミニウムAl，鉄Feなど）で表されていることに気づくだろう．これを**元素記号**という．この記号は世界のどの化学者が見ても，すぐに理解できるように決定されたものである．元素記号は，英語やラテン語に由来しているものが多い．たとえば，水素のHは英語のhydrogen（水の素），窒素のNはnitrogen（硝の素），酸素のOはoxygen（酸の素）に由来している．

ところが，鉄は英語でironというが，元素記号はIrではなく，Feである．これはラテン語のferrum（鉄という意味）に由来している．同じような元素記号に，金Au（英語はgold，ラテン語の金や光aurumに由来），銀Ag（英語はsilver，ラテン語の銀白色argentumに由来），銅Cu（英語はcopper，ラテン語の赤銅色cuprumに基づく）などがある．

また，人や地名がついた元素記号もある．原子番号96のキュリウムCmはノーベル化学賞を受賞したキュリー夫人にちなんでいる．原子番号99のアインスタイニウムは有名な科学者の名前に由来していることはすぐにおわかりだろう．原子番号84のポロニウムPoは，発見者のキュリー夫人が故国ポーランドにちなんで名づけたものである．

周期表の役割 周期表は化学者にとってたいへん重要なものである．それはこの表が，単に元素記号と名前を書いた一覧表ではないことにある．たとえば，第6章で学ぶことになる1価の陽イオンになる元素は周期表の左端に縦に並び，1価の陰イオンになるものは右から2列目に，化合物をつくらない希ガスは右端に，というように周期表上の位置から元素の性質が一目でわかるようになっている．

物質を研究する者にとって，この表は研究の道しるべになることが多い．塩素（Cl）でできなかったことを，周期表の下の臭素（Br）やヨウ素（I）で試してみることもある．1950年代に，最初は半導体のゲルマニウム（Ge）で実用化された電子機器トランジスタは，現在は低価格で高性能のケイ素（Si）半導体に代わっている．

上で述べたように周期表には110種類以上もの元素が並べられているが，周期的に同じ性質が現れる．とくに縦の列の元素どうしが似ている．これを**族**と呼び，左から1族，2族，と続き18族まである．横の行を**周期**といい，上から第1周期，第2周期，…と並んでいる．

族ごとに，または族をいくつかまとめて元素をグループ分けし，特徴

キュリー夫人
ポーランド出身の物理学者，化学者（1867～1934）．ノーベル物理学賞と化学賞の両方を受賞した．夫のピエール・キュリーはフランスの有名な物理学者．ノーベル物理学賞は夫人と共同で受賞した．

リンク
陽イオン，陰イオンについては第6章で詳しく述べる．

第5章 すべての物質は原子からできている

リンク
元素の反応性については第6章で詳しく学ぶ．

＊3 塩の素という意味からつけられた．

的な名前をつけている（図5-2）．たとえば，1族のアルカリ金属はリチウム Li，ナトリウム Na，カリウム K …と続くが，きわめて反応性の高い元素が並んでいる．また，17族のハロゲン[*3]は非金属元素で，フッ素 F，塩素 Cl，臭素 Br，ヨウ素 I と並んでおり，これらの元素も反応性が高い．逆に18族の希ガスと呼ばれるヘリウム He，ネオン Ne，アルゴン Ar はどんな元素とも反応しない．このように同じ族の元素に共通する性質は，次に学ぶ原子の構造と密接に関連している．

5.3　原子の構造はどのようになっているか

　多様な物質を形づくっている原子は何からできていて，どのような構造をしているのだろうか．これらの問題は，20世紀初頭の多くの科学者たちの大きな関心事であった．彼らのたゆまぬ努力により，原子の詳細な姿が次第にわかってきた．

原子はきわめて小さい粒子である

　原子はたいへん小さな粒子で，その直径はおよそ10^{-8} cm 程度（1億分の1 cm）である．これはすぐにはイメージできないほどの小ささで，1 cm という長さの間に1億個もの小さな粒子が並んでおり，その一つの粒子が原子の大きさということになる．原子1個とリンゴ1個の直径（およそ10 cm）の比は，リンゴと地球の直径（12,742 km）の比にほぼ等しい．当然肉眼では見えず，現在でも高性能の電子顕微鏡という機器を使ってやっと見える程度である．このように身の回りのすべての物質には，目には見えない原子が数え切れないほど含まれている．物質が粒子からできているのに，連続体に見えることがあるのは，このように粒子の数がきわめて多いからである．

原子は三つの粒子から構成されている

原子の構造　原子は物質を構成する基本粒子であるが，その原子はどんなものでもおもに三種類の共通する粒子から構成されている[*4]．原子の中心には，**陽子**と**中性子**という粒子がそれぞれある個数集まってできた**原子核**があり，原子の直径の10万分の1から1万分の1（約10^{-13} cm から約10^{-12} cm）の大きさである．図5-3では原子核を強調して大きく書いてあるが，実際の原子核は原子全体を直径200 m の野球場で表すと，

＊4　実際はそれら三種類の粒子はさらに小さい粒子からできているが，化学の領域では扱わない．これらは物理学の領域の問題である．

5.3 原子の構造はどのようになっているか

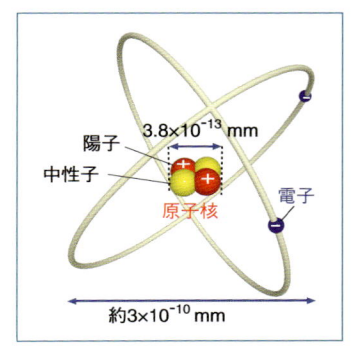

図5-3 太陽と惑星の関係のようなヘリウム原子のモデル

図5-4 原子核はこんなに小さい

その中心にある1円玉（直径2 cm）の大きさにすぎない（図5-4）．そのまわりの空間を質量の小さい**電子**が回っていると考えられており，ちょうど質量の大きい太陽のまわりを回っている質量の小さい惑星のイメージに近い（図5-5参照．これは一つのモデルにすぎず，実際の姿はもっと複雑である）．

それぞれの粒子は特有の性質をもっている．陽子は正の**電気量（電荷）**をもつ粒子である．中性子は陽子とほぼ同じ質量をもつが，電荷をもたない．電子はこれらに比べて非常に軽く，陽子とは絶対値は同じだが逆の符号の負電荷をもっている．原子全体では，陽子の数と電子の数が同じであるから，原子は電気的に中性である．実際の数値を以下に示す．

	粒子	質量	相対電荷
原子核	陽 子	1.673×10^{-27} kg	$+1$
原子核	中性子	1.675×10^{-27} kg	0
電子殻	電 子	9.109×10^{-31} kg	-1

ところで，電子は負電荷（−）をもつので，原子核のもつ正電荷（＋）から静電的引力を受けており，原子核の周辺の空間を飛び回っていても簡単に原子から抜けだせない．原子核から遠ざけたり，原子から飛びださせるには，電子に外からエネルギーを与えてやる必要がある[*5]．

電子の質量は，陽子や中性子の1840分の1しかないので（自分で計算して確かめてみよ），原子の質量の大部分は原子核の質量である．つま

> **one point**
> **原子1個の質量は？**
> 現代科学では，「質量分析計」という装置を使って原子1個の質量を測定できる．

[*5] ちょうど私たちが地球の中心からの引力（重力）のため地表付近から離れられないのと同様である．少し足でけってエネルギーを加えると跳ぶことはできる．同様に，ロケットを使ってエネルギーを与えると，人工衛星を地球から離れた軌道に打ちあげることができる．

one point
原子の本当の姿

よく教科書などにのっている原子核を電子が回っている模式図は極端に単純化したものといえる．現在は電子を雲のようなかたち（電子雲という）で表すのが一般的である．

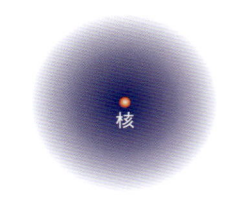

り原子の質量は原子核のなかの陽子と中性子の数の和に相当する質量で決まる．

原子核の内部は＋の電荷をもつ陽子と中性子が，非常に高密度で接近した状態にある．だから，原子核を壊したり新しくつくったりするときには，膨大なエネルギーの出入りが必要である．原子核は化学反応では簡単に壊れることも，新しくできることもないということである．

原子の性質は三つの粒子の組合せで決まる

上で説明したように，すべての物質は，共通する三種類の粒子（陽子，中性子，電子）から構成される原子からできている．それぞれの原子がどんな性質をもつかは，これらの粒子の数と組合せで決まる．

陽子の数　この数によって原子の種類が決まる（図5-5）．陽子2個ならヘリウム（He），29個なら銅（Cu），79個なら金（Au）というようになる．その原子がもつ陽子の数を**原子番号**と呼び，原子の種類を区別するのに用いられる重要な数である．

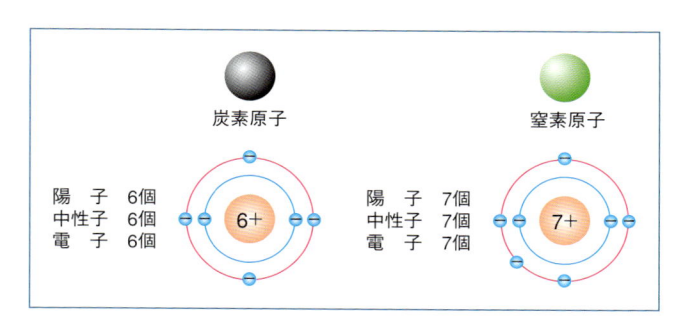

図 5-5　陽子の数が異なると原子の種類が異なる

電子の数　通常，原子は電気的に中性で，＋（陽子による）と－（電子による）の数がつり合っている．電子のうち，もっとも外側を飛び回っているものほど原子核との結びつきが弱いので，あまりエネルギーを使わずに原子からでたり入ったりできる．電子の数が原子核内の陽子の数（＝原子番号）と異なると，＋と－の数がつり合わなくなり，電荷をもった粒子（すなわち，イオン）となったり，不足した電子を補充しようとしてほかの原子と結合をつくるようになる．

リンク
イオンについては第6章で詳しく説明する．

中性子の数　この数が異なっても，陽子の数が同じならば原子番号は同じであり，電子の数も変わらない（表5-1）．このような中性子の数の違う原子は，互いに**同位体**と呼ばれる．同じ種類の原子（同じ元素）な

5.3 原子の構造はどのようになっているか

表 5-1 中性子の数と電子の数による原子の違い

$^{1}_{1}H$	$^{2}_{1}H$	$^{19}_{9}F^{-}$	$^{19}_{9}F$
陽子　　1個	陽子　　1個	陽子　　9個	陽子　　9個
中性子　0個	中性子　1個	中性子　10個	中性子　10個
電子　　1個	電子　　1個	電子　　10個	電子　　9個
同位体 （中性子の数が異なる）		イオンと単体 （電子の数が異なる）	

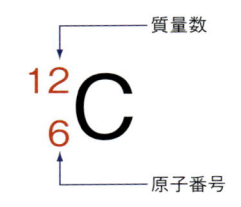

$^{12}_{6}C$ ― 質量数（12）／原子番号（6）

ので化学的な性質は同じだが，原子の質量だけは異なる．多くの元素はいくつかの同位体をもっている．たとえば，原子番号1の水素（H）には中性子が0個，1個，2個の三種類の同位体がある．

この同位体を区別するものが**質量数**で，陽子と中性子の数をたしたものである．この同位体を元素記号で表すと，たとえば $^{12}_{6}C$ のように示される．左上の数字が質量数で，左下の数字が原子番号である．上の水素の三つの同位体を元素記号で表すと，$^{1}_{1}H$, $^{2}_{1}H$, $^{3}_{1}H$ となる．

用語解説

水素の三つの同位体

$^{2}_{1}H$ は重水素（ジュウテリウム，記号Dで表す），$^{3}_{1}H$ は三重水素（トリチウム，記号T）と呼ばれる．$^{1}_{1}H$ はふつうの水素である．

例題 1

酸素には三種類の同位体 $^{16}_{8}O$，$^{17}_{8}O$，$^{18}_{8}O$ がある．それぞれ何個ずつの陽子，中性子，電子をもつか．

解 答

三つの同位体を以下の表でまとめた．

$^{16}_{8}O$	$^{17}_{8}O$	$^{18}_{8}O$
陽子　　8個	陽子　　8個	陽子　　8個
中性子　8個	中性子　9個	中性子　10個
電子　　8個	電子　　8個	電子　　8個

異なるのは中性子の数だけで，あとの粒子は同じ数である．

同位体の利用　同位体を用いると原子や分子に印をつける（標識をつけるという）ことができ，これを利用して病気の診断などができる．また，でてくる放射線の量をはかることにより，考古学でよく問題になる出土品の年代測定[*6]などに応用できる．

さらに原子核分裂や原子核融合による莫大な量のエネルギーを利用することもできる．原子力発電は，ウラン-235（^{235}U，質量数235のウランの同位体）の原子核分裂を利用している．その反面，環境を汚染した

[*6] 遺跡から出土したものに含まれる炭素を分析し，それに含まれる ^{14}C などの同位体の比率をはかると，おおよその年代がわかる．

用語解説

核分裂と核融合

原子核分裂とは，原子核がより小さい原子核2個に変わること．原子核融合とは，小さい原子核2個が合わさってより大きい原子核に変わること．

第5章　すべての物質は原子からできている

り莫大なエネルギーを制御できずに大規模な破壊を招くこともあるので，利用には細心の注意と倫理観をもって行わなければならない．

5.4　電子はどこにあるのか

陽子と中性子は原子の中心にある原子核のなかにあるが，電子は定まった場所に存在するわけではない．電子はほかの原子に移動することもでき，その数や存在する空間は，元素の性質を決める大切な要素となる．この節では電子の存在する空間について説明しよう．

電子の居場所はどこか

原子核のまわりには電子が回っているが，それぞれの電子は勝手に飛び回っているのではなく，それぞれの居場所がある．もっとも居心地のよい空間に収まったとき，その収まり方を**電子配置**と呼ぶ（表5-2）．原子核のまわりにはちょうどタマネギの内皮の形のような**電子殻**と呼ばれる空間があり，電子は内側の殻から収まり，満杯になると外の殻へというように順番に収まっていく（図5-6）[*7]．

*7　高校までの教科書では，電子殻1をK殻，2をL殻，3をM殻というようにアルファベットを使った表記をしている．

電子殻には決まった数の電子が入る

原子の電子殻には，内側から順に2個，8個，18個，32個，…の電子が収容できる．原子に必要な数の電子が入るときには，内側から順に収容可能な数を満たして入っていく．大部分の元素ではもっとも外側の電子殻（**最外殻**という）には，収容可能な数に満たない電子数しか入らないことになる．原子核のもつ陽子数と同数の電子が入って，電気的に中

表 5-2　元素の電子配置

元素と原子番号	電子殻1	電子殻2	電子殻3	電子殻4	電子数の合計
	収容できる電子数				
	2	8	18	32	
H　1	1				1
He　2	2				2
C　6	2	4			6
O　8	2	6			8
Ne 10	2	8			10
Na 11	2	8	1		11
Cl 17	2	8	7		17
Ar 18	2	8	8		18
Kr 36	2	8	18	8	36

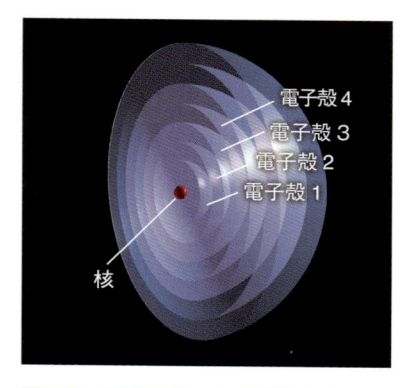

図 5-6　**原子はタマネギ構造をもつ**

性になるが，電子殻が収容可能数を満たしていないのは何となく不満足である．実はこの不満足な状態が結合をつくりだす力になる．この原子どうしのつくる結合については，第6章，第7章で詳しく述べる．

COLUMN　最初の人工元素は何か

　現在では，人工的に原子を創造することも可能になってきている．1937年，モリブデン Mo に重陽子（重水素の原子核）をあててつくられた，原子番号43の元素テクネチウム Tc が最初のものである．初期のころは原子炉からでてくる中性子を元素にあてて，より重い別の元素をつくる方法がとられたが，最近は二つの軽い元素をサイクロトロンを使って高速で衝突させ，新しい元素をつくっている．このようにして新しく発見される元素は，人工的につくられたもので自然界には存在しないものばかりである．

　2004年に日本でつくられたもっとも新しい元素（後にニホニウム Nh と命名された）は，原子番号113で，亜鉛（Zn 原子番号30）とビスマス（原子番号83）を衝突させてできたものである．

　中世の錬金術師たちの夢は，このような別のかたちで達成されている．

サイクロトロンの全景

章末問題

1 古代中国ではギリシャと同様に「五行説」として，五つの元素から物質が成り立つという世界観を説いた人びともいた．現在は曜日の表記に使われているこれら五つの元素とは何か．

2 ドルトンの原子説は，細部では現代の科学と矛盾する部分もある．それはどのような点か．

3 図5-2の周期表から得られる情報にはどんなものがあるか．

4 元素の種類がいまより少なかった（たとえば，数十種類）場合，またいまより多かった場合（たとえば，数千種類）には，この世界はどのようなものになっただろうか？　考えてみよう．

◆ 測定値と有効数字について ◆

科学の研究では，いろいろな物質の質量や長さをはかることがあるが，得られた値を測定値と呼ぶ．その場合，測定方法の精度や測定する者の能力によって，必ず誤差が生じる．たとえば，黄色い半円の直径を物差しではかると，4.95 cm と求まる．この場合，最後の桁の 5 という数は目分量で読み取った値であるため誤差を含んでいるが，4，9，5 の数はいずれも「意味のある数値」と考えられる．これらの値を有効数字という．この測定における有効数字は 3 桁である．つまり，有効数字は，「正確に読み取れる数値（4，9），およびそれより 1 桁下の誤差を含む数値（5）」から構成されるということである．

ところで，10 cm と 10.0 cm は同じ意味だろうか．同じようだが，正確にいうと違う．前者は有効数字が 2 桁，後者は有効数字が 3 桁である．簡単にいうと，10 cm の場合は，1 桁目の 0 を目分量で測定し，小数点下 1 桁 0.1 の桁の数値は測定できなかったということである．10.0 cm の場合は，小数点下 1 桁の 0 の位を目分量で測定したということである．すなわち，どこまで詳しく調べたかをこの有効数字によって知ることができる．ただ単に，0 を並べているだけなのではない．科学の世界では，この数値の扱い方に十分注意する必要がある．

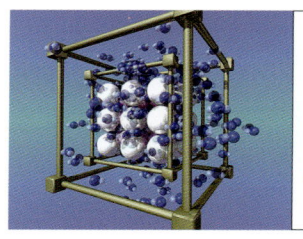

第6章　物質中で原子はどう結びついているか

私たちは，たえず物質と接触し，物質の恩恵に浴している．第5章で物質は原子の組合せでできていることを学んだが，この章では原子がどのように結びついて，私たちの世界が成り立っているかを考えていこう．

6.1　身の回りの物質は化学の力でつくられる

種類が多い金属元素，量が多い非金属元素

自然界に存在する元素は，ナトリウム Na，鉄 Fe，銅 Cu などの**金属元素**と，窒素 N，酸素 O，硫黄 S といった**非金属元素**に分けられる．金属元素のほうが非金属元素に比べると，圧倒的に種類が多い．ところが身の回りの物質をながめてみると，量の面では金属元素が多く存在しているわけではない*1．表6-1に示すように，宇宙や地球の表面（地殻）には非金属元素のほうが圧倒的に多く存在している．

表6-1　宇宙と地球における元素の存在（質量の占める割合）

宇宙		地球	
水素	70.0%	酸素	85.9%
ヘリウム	27.1%	水素	10.7%

*1　地球上でもっとも量が少ない金属元素は，地球全体で数 mg しかないものもある．たとえば，バークリウム（$_{97}$Bk）やプロメチウム（$_{61}$Pm）といった元素は，原子炉内や核燃料の再処理で mg 単位の量しか存在しない．

地表近くの私たちの世界は，質量で考えればわずか10種類前後の元素から成り立っている．それではさまざまな物質はどのようにしてつくられているのだろうか？　その答えは原子の結びつき方の多様性にある．原子の結びつきを**結合**という．

身の回りの物質はほとんどが化合物

一種類の元素でもいろいろな物質ができるが，それは第2章で述べた．二種類以上の元素が決まった割合で結びついてできた物質を**化合物**という．たとえば，水 H_2O は，水素原子 H が2個と酸素原子 O が1個から

リンク
身の回りのいろいろな物質については第2章で詳しく解説した．

第6章 物質中で原子はどう結びついているか

one point
化学の見えざる力

化学工業でつくられる製品は，素材のかたちから製品のかたちまでさまざまある．一見，化学とは無関係な商品も，素材や加工手段に化学の手を借りることが多い．コンピュータの高速化には，シリコンをはじめとする素材の改良が大きな力となった．

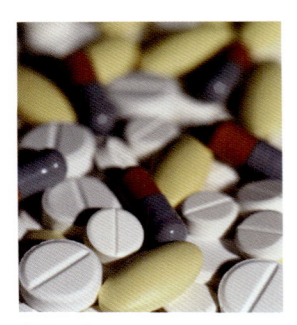

化学の力によって合成される薬

できている化合物である．私たちの世界には単体は数百種類しかないが，化合物はわかっているだけでも2000〜3000万種類もあるといわれている．このなかには，水や二酸化炭素や食塩などの天然の化合物もあるが，身の回りの物質の多くが人工的に化学者の手によって合成された化合物である（薬などもそうである）．現在も数多くの新しい化合物が化学の力によってつくりだされている．

ではなぜ，このように多くの化合物ができるのだろうか．その理由は，個々の原子どうしが結びつくしくみ（力）をもっているからである．この原理を詳しく調べることによって，化学者たちは多くの有用な化合物を手に入れることができた．

物質が存在し，私たちの目で確認できるためには，「安定」である（変化しにくい）ことが必要である．この地球上の，窒素や酸素や水を含む大気が1気圧で，かつ温度が-10〜30℃という条件下では，単体という状態で安定に存在できる元素はそれほど多くはない．そのため，私たちが直接見える世界に存在するほとんどの物質は化合物というかたちをとっている．

6.2 原子と原子の結びつきによって結合ができる

結合はなぜできるのか

結合がなぜできるかは，化学という学問ができあがっていく過程において最大の疑問であった．古くは男性と女性がひかれあうように，元素を陽性と陰性に分けて考えたりしたが，20世紀になり原子の構造が明らかになって，ようやく説明がつくようになった．すなわち，結合の主役はそれぞれの原子がもっている電子であった．第5章では原子の構造とともに電子について少しふれたが，ここでは電子の役割についてより詳しく考えてみよう．

結合をつくらない元素 結合がなぜできるかを確かめるためには，結合をつくらない元素があるかどうかを調べればよい．それは実際にある．周期表の18族（一番右側）の元素群は「**希ガス**」と呼ばれ，いずれも原子が単独で存在し，単体の分子もつくらないし化合物もほとんどない．

希ガスの電子配置の特徴は，もっとも外側の電子殻（**最外殻**という）が電子でちょうど満たされているか（2個，8個，18個，32個など，これを**閉殻**という），またはそこに8個の電子が存在すること（**オクテッ**

リンク
原子の構造や電子配置については第5章で詳しく学んだ．

ト構造という）である．このとき，希ガスは電子を受け取る必要もなく，電子を放出する必要もないので，結合をつくらなくてもよいことになる．
安定になるための方法　このように最外殻が閉殻またはオクテット構造になっているのは希ガスである．

　希ガス以外の大部分の元素では，もっとも外側の電子殻には，収容できる数にぴったりの電子は入っていない．つまり，電子の入る座席がまだ残っている．このように，電子殻が収容可能な数を満たしていないのは何となく不安定である．そこで，原子は最外殻が2個，8個，18個，32個，…の収容可能な電子数を満たすように相手を探して反応することになる．原子は，電子を外部からもらったほうが安定なときは最外殻にそれを受け入れて，また最外殻に電子が数個しかないときはそれを放出して，希ガスのような安定な電子配置になろうとする．

　希ガス以外の原子でも，周辺の物質と電子をやり取りできれば，希ガス型の電子配置をとって落ち着き，「安定」に存在できることになる．その方法は大きく分けて二つある．

　一つは，中途半端な電子配置をもつ原子が，電子を放出したり受け取ったりして，**希ガス型電子配置**をとることである．原子は電荷を帯びるが，それ以上電子を要求したり，放出したりすることなく，安定に存在するようになる．このように電荷を帯びた原子や分子を**イオン**という．イオンは単独でも存在できるが，正電荷を帯びた**陽イオン**と負電荷を帯びた**陰イオン**は，**静電的引力**により結びつく．これが結合の一つの形で，**イオン結合**という．このイオン結合のしくみについては6.4節で詳しく述べる．

　もう一つは，原子が二つあるとき，一方の原子が電子殻の満たされていない原子に接近して，もっとも外側の電子殻を重ね合わせることによって，その電子殻にある電子を両方の原子が共有する方法である．このとき，見かけ上どちらの原子も最外殻に収まっている電子は希ガス型になっている．この状態になると両方の原子は固く結びつく．これを**共有結合**という．

　このように，原子は単独で存在するものは希で，単体や化合物として，ほかの原子と結合した状態で存在する．

結合のしかたによって物質を分ける

　物質を結合の様式から分類すると，単体も化合物も大きく分けて三つ

用語解説

価電子と閉殻

もっとも外側の電子殻（最外殻）にある電子を原子価電子，または価電子と呼ぶ．
それぞれの電子殻に収容できる数の電子がすべて入った状態（あきがない状態）を閉殻という．アルゴン（Ar）の場合はオクテット構造をとったとき閉殻と同じような安定な状態となる．

リンク

このイオンは，第8章の溶液や第11章の電池と関連する重要なキーワードである．

リンク

イオン結合と同じように，非常に重要な共有結合のしくみについては第7章で詳しく述べる．

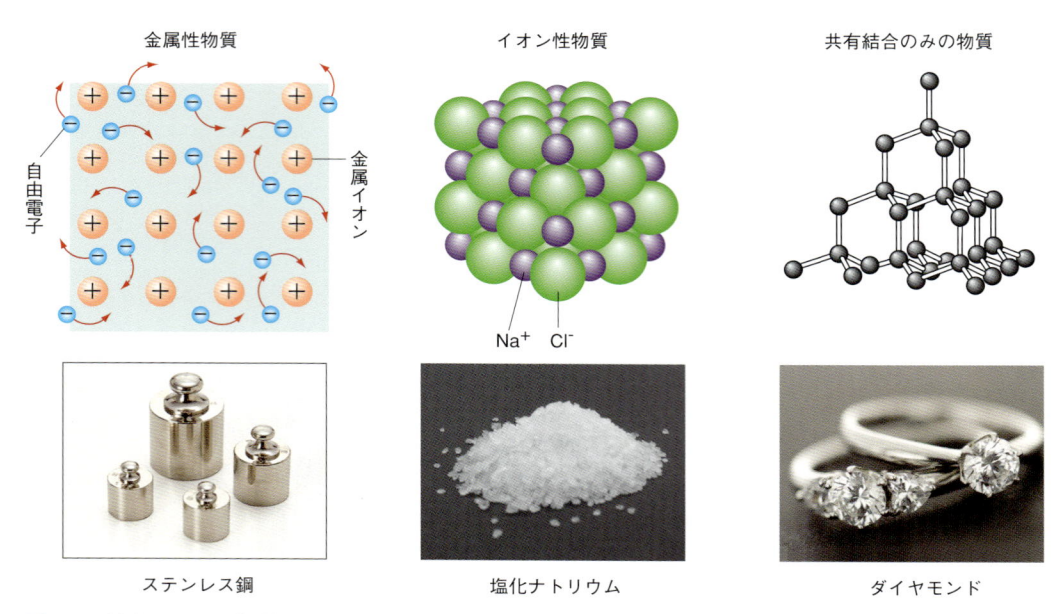

第6章 物質中で原子はどう結びついているか

金属性物質 / イオン性物質 / 共有結合のみの物質

自由電子　金属イオン　Na⁺　Cl⁻

ステンレス鋼　塩化ナトリウム　ダイヤモンド

図 6-1　結合によって物質を分類する

のかたちになる．これらの結合について学んでいくことになるが，金属結合とイオン結合についてはこの章で説明し，共有結合に関しては第7章で詳しく述べる．

① 金属結合，② イオン結合，③ 共有結合

このように結合により分類すると，性質が似通った物質に分かれることがわかる（図6-1）．化学では物質を考える際にこのような分類を基本にしている．しかしすべての物質がこの三種類にはっきりと分類できるわけではない．たとえば，洗濯に使う石けんについて考えてみると，この物質は以下のように共有結合性とイオン結合性をあわせもった構造をしている（図6-2）．

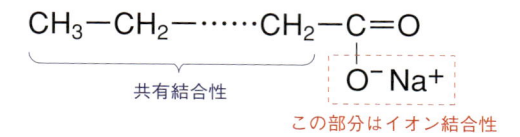

$$CH_3-CH_2-\cdots\cdots CH_2-C=O$$

共有結合性　　　　　　　　　　$O^- Na^+$

この部分はイオン結合性

図 6-2　石けんは二つの結合様式をもつ

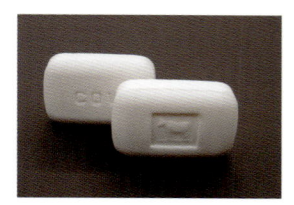

石けん

自然界に存在する物質は，これらの性質を複雑にあわせもったものと考えられる．

6.3 金属は特有の性質をもつ

金属元素の特徴

元素の約5分の4は金属元素である．では金属にはどのような性質があるのだろうか．以下のような性質があげられる．

> ① 金属光沢と呼ばれる特有の光沢がある（みがくと光る）
> ② 展性や延性という伸びる性質をもつ（たたくと伸びる）
> ③ 熱を伝えやすい
> ④ 電気を通しやすい
> ⑤ 融点が高いものが多い

たとえば，京都の金閣寺や屏風などに使われている金ぱくは，金属の展性という伸びる性質を利用して金をうすくしたもので，その厚さは1万分の1 mmといわれている（図6-3）．金ぱくを透かして見ると，反対側のものが見えるほどのうすさである．

one point

金ぱくのうすさは驚異的
約4 gの金から畳一枚分の純金ぱくができる．4 gの金は0.207 cm^{3}なので，ほんの小指の爪くらいの金から畳一枚分の金ぱくができることになる．いかにうすいかが想像できよう．

金属の性質を決める自由電子

ナトリウムなどの金属原子は最外殻電子を放出して，陽イオンになる．この放出された電子が自由電子となって，規則正しく並んだ金属イオンの間を自由に動き回っている（図6-1参照）．この**自由電子**と呼ばれる小さな粒子を金属原子全体で共有することによって，原子と原子が強く

図6-3　金ぱくと金ぱくが使われている金閣寺

第6章　物質中で原子はどう結びついているか

> **one point**
> **ケイ素は非金属**
> 電気を伝える物質に，電気の良導体と半導体とがある．よく使われる半導体のケイ素（Si）は，非金属に，一方，ゲルマニウム（Ge）は金属に分類されている．

結びつけられている．こうして**金属結合**ができる．先にあげた五つの金属の性質はこの自由電子の存在と深くかかわっている．たとえば，金属の大きな特徴である電気伝導性について考えてみよう．

金属に電圧をかける（一端から電子を流し込もうとする）と，金属内部にたくさん存在する自由電子が逆の端に向かって動きだすことによって電流が流れる（電子の流れの逆向きが電流になる）．そのほかの金属の性質（熱伝導性，展性・延性，金属光沢性など）も，この自由電子から説明できる．

金属結合からなる物質

金属は単体の利用も多いが異種金属を混ぜて**合金**にしたり（図 6-4），酸化物にして利用する場合がほとんどである．

たとえば，台所や浴室でおなじみのステンレス鋼は，鉄 Fe とクロム Cr などを混ぜて，耐食性を向上させた合金である．ちなみにステンレスとは，"さびない"という意味である*2．合金も金属の一般的性質をもっているが，電子部品の線をつないだりするハンダなどのように融点・沸点が比較的低く，軟らかい固体を形成することもある．

---
*2　鉄の原子は水や酸素と反応してさびるが，クロムの原子が表面にあると酸素と結合してそれ以上反応しなくなる．

(a)　(b)　(c)

図 6-4　いろいろなものに使われる合金
(a) 青銅（銅とスズの合金）でできた観音像．
(b) 真ちゅう（銅70％と亜鉛30％の合金）でできたトランペット．
(c) ニッケル黄銅（銅72％，亜鉛20％，ニッケル8％の合金）でできた500円硬貨．

6.4　イオンどうしはどう結びつくのか

原子はどのようにしてイオンになるか

ここでは原子がどのようにしてイオン（陽イオン，陰イオン）になるのか，さらに，陽イオンと陰イオンの結合について説明する．

陽イオンの生成　周期表の左側に位置する元素は，安定な電子配置である希ガス型に比べると，電子が1〜3個多い．たとえば，ナトリウム原子を考えると，もともと11個の電子をもっているので，最外殻の電子（e^-で表す）を1個放出すれば，安定な希ガス型電子配置（この場合は，電子が10個のネオン Ne と同じ電子配置）になる．このとき，原子核の正電荷は変化しないので原子全体では電子1個分の正の電気があまり，1価の**陽イオン**（＋の電荷をもつイオンが一つという意味）Na^+ となる（図6-5）．これは次のように表せる．

$$Na \longrightarrow Na^+ + e^-$$

Na^+ とは，ナトリウム原子から電子が1個飛びでたことを意味している．また，このように原子がイオンになることを**イオン化**という．

> **用語解説**
>
> **イオンの価数**
>
> Na^+ の右肩の＋は，本当は1＋という意味で，1を価数という．1の場合は，これを省略する．Na^+ は1価の陽イオンを表す．

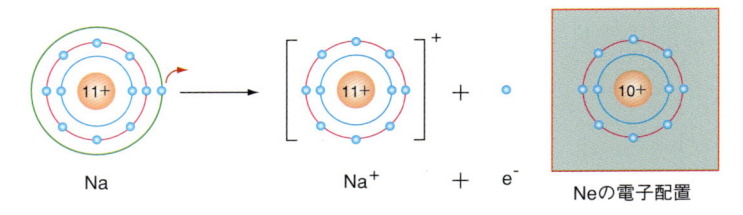

図 6-5　陽イオンのできるしくみ

同じように，希ガスより電子が2個多いカルシウム（Ca）は2価，希ガスより電子が3個多いアルミニウム（Al）は3価の陽イオンとなる．すなわち，電子を何個か失って希ガスと同じ電子配置になれる元素は，陽イオンをつくったほうが安定になる．

陰イオンの生成　周期表の右側に位置する元素は，安定な電子配置である希ガス型に比べると，電子が数個不足している．このような原子が電子を受け取って希ガス型電子配置となると，電気的には負の電気があまり，**陰イオン**（－の電荷をもつイオン）となる．たとえば，塩素原子は17個の電子をもち，最外殻電子は7個であるから，電子1個入る余地がある．したがって，塩素は電子を1個受け取り，1価の陰イオン

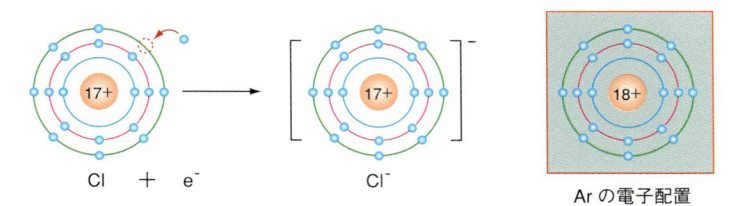

第6章 物質中で原子はどう結びついているか

図 6-6 陰イオンのできるしくみ

（Cl⁻）になる（図 6-6）．これを塩化物イオンと呼び，電子を用いて表すと以下のようになる．

$$Cl + e^- \longrightarrow Cl^-$$

Cl⁻ とは，Cl 原子に1個電子が加わったことを意味している．

同様に，酸素（O）や硫黄（S）も2価の陰イオンとなる．このように，電子を何個か獲得して希ガスと同様の電子配置になれる元素は，陰イオンをつくったほうが安定になる．

例題 1

次の元素がイオンになる場合，どんなイオンになるか．Ca^{2+}，Cl^- のようなかたちで答えよ．
（1）$_4Be$　（2）$_9F$　（3）$_{19}K$

解答

（1）〜（3）の元素が安定なイオンになる場合，それらの電子配置は周期表上でもっとも近くにある希ガスと同じ電子配置をとる．それぞれの原子と希ガスの電子配置を以下の表に示す．

	(1)	(2)	(3)	希ガス		
電子殻	$_4Be$	$_9F$	$_{19}K$	$_2He$	$_{10}Ne$	$_{18}Ar$
電子殻 1	2	2	2	2	2	2
電子殻 2	2	7	8		8	8
電子殻 3			8			8
電子殻 4			1			

（1）Be がイオンになる場合，もっとも近い He の電子配置になるので，電子を2個失う．原子核には陽子4個があり電子2個と合計すると，+ の電荷が2個あまる．したがって Be^{2+} となる．

ベリリウム（Be）

エメラルドの成分（5月の誕生石）
強力バネ機械の部品（Be合金）
X線の取りだし窓材料
研究用のAm-Be中性子源

ベリリウム 9.012
4 Beryllium

(2) 同様に F は Ne と同じ電子配置をとるため，電子 1 個を受け取る．したがって F^- となる．

(3) K は Ar と同じ電子配置をとるため，電子 1 個を失うので，K^+ となる．

イオンが引き合うとイオン結合ができる

陽イオンと陰イオンの結合 あまっている電子をだした原子は陽イオン（＋）となり，不足している電子を獲得した原子は陰イオン（－）となることは先に説明した．これらが共存すると，＋と－が引き合う静電気的引力（**クーロン力**という）によりイオンどうしが結びつき，化合物をつくる．このような結合を**イオン結合**という．結合の引力は強いので，結晶は固く融点・沸点は高い．

たとえば，金属で固体のナトリウム（Na）上に，分子である塩素（Cl_2）の気体を通すと，次のように互いに電子をやりとりして，陽イオンと陰イオンになり，この二つのイオンが引き合って，イオン結合からなる塩化ナトリウム（NaCl）という化合物ができる．下の式はナトリウムと塩素が反応して塩化ナトリウム（食塩）ができるときの化学反応式であるが，第 9 章で詳しく説明する．

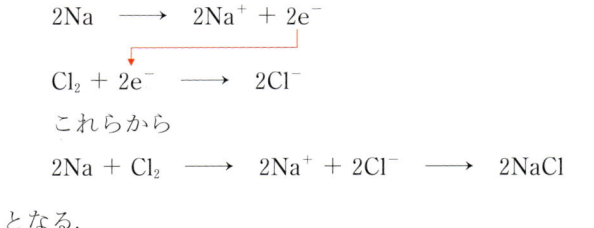

$$2Na \longrightarrow 2Na^+ + 2e^-$$

$$Cl_2 + 2e^- \longrightarrow 2Cl^-$$

これらから

$$2Na + Cl_2 \longrightarrow 2Na^+ + 2Cl^- \longrightarrow 2NaCl$$

となる．

Na^+ と Cl^- が結びつくときには，通常は＋と－の電荷がちょうどつり合うように，電気的に安定な状態で結びつく．Na^+ は 1 価の陽イオンで，Cl^- は 1 価の陰イオンであるから，ちょうど電気的に中性な状態になるためには 1 : 1 の割合で結びつけばよい．つまり，塩化ナトリウムの結晶内部では，6 個の Na^+ が 6 個の Cl^- で囲まれている．逆に，6 個の Cl^- は 6 個の Na^+ で囲まれている（図 6-1 参照）．

豆乳を固まらせて豆腐をつくる際に使う"にがり"は，マグネシウム Mg と塩素 Cl からなる塩化マグネシウム（$MgCl_2$）といわれる**イオン結合性化合物**である．この場合はマグネシウムイオン（Mg^{2+}）と塩化物

フッ素（F）

フッ素樹脂は熱に強く，水や油をはじく
虫歯予防はみがき
フッ化水素はガラスを溶かす
ある種のフロン類はオゾン層を破壊

フッ素 19.00
9 Fluorine

リンク

化学反応式のつくり方については第 9 章で詳しく述べる．

マグネシウム（Mg）

葉緑素クロロフィル中に存在
にがりの成分（塩化マグネシウム）
車や航空機の軽量化合金材料
優れた有機合成反応剤

マグネシウム 24.31
12 Magnesium

one point
鉄イオンの価数表示
ある元素がイオンの価数を二種類以上もつときには元素名の後ろに（ ）をつけ，そのなかにイオンの価数をローマ数字で入れて区別する．たとえば，鉄イオンの価数は2+，3+なのでFe(II)，Fe(III)のようになる．

イオン（Cl^-）からできているので，マグネシウムイオン1個に対して塩化物イオン2個，すなわち1：2の割合で結びついている．一般に単純なかたちの化合物は電気的に中性であるように，すなわちお互いの＋と－の数がちょうどつり合うような数で結びつく．結びつく数は右肩に示す数字の価数によって決まる．Mg原子からは電子2個がぬけるので，電気的な中性を保つためには電子1個を余分にもったCl原子が2個必要となる．したがって，MgとClの比が1：2になり，化学式は$MgCl_2$となる．この式を塩化マグネシウムの**組成式**と呼ぶ．この組成式から，化合物を構成している原子の種類と数の比がわかる．

イオンと組成式　イオンからなる物質は，それぞれのイオンの価数さえわかれば，それらの組成式をつくることは容易である．一つの原子からなるイオンとその名称を表6-2に示す．

表 6-2　イオン式とその名称

陽イオン		陰イオン	
化学式	名　称	化学式	名　称
H^+	水素イオン	H^-	水素化物イオン
Na^+	ナトリウムイオン	F^-	フッ化物イオン
K^+	カリウムイオン	Cl^-	塩化物イオン
Zn^{2+}	亜鉛イオン	I^-	ヨウ化物イオン
Cu^{2+}	銅(II)イオン	Br^-	臭化物イオン
Fe^{2+}	鉄(II)イオン	O^{2-}	酸化物イオン
Fe^{3+}	鉄(III)イオン	S^{2-}	硫化物イオン
Al^{3+}	アルミニウムイオン	N^{3-}	窒化物イオン

one point
組成式は整数で
Al_2O_3の場合は，Al原子1個に対してO原子が1個半（1.5個）必要となる．原子の構成比は1：1.5となるから，組成式は$AlO_{1.5}$となるはずだ．ではなぜ，組成式が$AlO_{1.5}$ではなくてAl_2O_3なのか．組成式では通常は小数点を使わないので，便宜上1.5を2倍して整数の比としてAl_2O_3と表記する．

たとえば，アルミニウムと塩素からなる物質を考えるときは，それぞれを部品として取りだして考える．この場合は表6-2よりAl^{3+}とCl^-であるから，電気的に中性で安定な物質をつくるには，Al^{3+}1個に対してCl^-が3個必要となるから，組成式は$AlCl_3$となる．同様にAl^{3+}とO^{2-}の場合はAl_2O_3となる．また，化合物の名称は陰イオン→陽イオンの順につけるが，「〇イオン」と「〇物イオン」を省いてつける．この場合は，それぞれ「塩化アルミニウム」「酸化アルミニウム」となる．

一つの原子からできているイオンを**単原子イオン**という．これに対して，複数の原子が集まって一種類のイオンをつくっているものを**多原子イオン**という．たとえば，硫黄Sと酸素Oは単原子イオンとして存在

6.4 イオンどうしはどう結びつくのか

表6-3 多原子イオンとその化合物

多原子イオンの例		多原子イオンの化合物	
化学式	名　称	化学式	名　称
NH_4^+	アンモニウムイオン	NH_4Cl	塩化アンモニウム
OH^-	水酸化物イオン	$Ca(OH)_2$	水酸化カルシウム
NO_3^-	硝酸イオン	KNO_3	硝酸カリウム
CH_3COO^-	酢酸イオン	CH_3COONa	酢酸ナトリウム
HCO_3^-	炭酸水素イオン	$NaHCO_3$	炭酸水素ナトリウム
CO_3^{2-}	炭酸イオン	Na_2CO_3	炭酸ナトリウム
SO_4^{2-}	硫酸イオン	$(NH_4)_2SO_4$	硫酸アンモニウム
PO_4^{3-}	リン酸イオン	$Ca_3(PO_4)_2$	リン酸カルシウム

注　組成式中で多原子イオンを複数倍する場合は，必ず（　）をつけて整数倍する．

するときには2価の陰イオン S^{2-}，O^{2-} として存在するが，これらはほかの原子とともに一つのかたまりを形成して安定なかたちをとることもできる．1個の硫黄原子（S）と4個の酸素原子（O）は硫酸イオン（SO_4^{2-}）というかたちをとり，2価の陰イオンである[*3]．

このような多原子イオンには表6-3に示すようなものがあるが，組成式をつくる場合は，単原子イオンと同様に一つの部品として考えればよい．

表6-3の陰イオンは，それぞれどんな酸に由来するかによって名前がつけられている．

*3 硫酸イオン SO_4^{2-} は，硫酸 H_2SO_4 から水素イオン H^+ が2個取れたかたちであるから，2価の陰イオンである．それぞれの価数は，もとの酸から水素イオン（1価の陽イオン）の分を取り去れば求めることができる．

リンク

酸については第10章で詳しく解説する．

COLUMN　科学衛星に使われているイオン駆動エンジン

化学的に反応性のほとんどない希ガスのキセノン（Xe）が，その性質を利用して宇宙船の推進力に利用されている．日本の科学衛星「はやぶさ」に搭載されているエンジンは，キセノンをマイクロ波でイオン化し，その陽イオンを強力な磁場で加速して，高速で噴射させ，その反動で推進力を得ている．この原理のエンジンは，最高で時速10万kmの速度をだすことができる．人体に無害で，重く，宇宙の温度ではほぼ固体になる，キセノンならではの役割である．

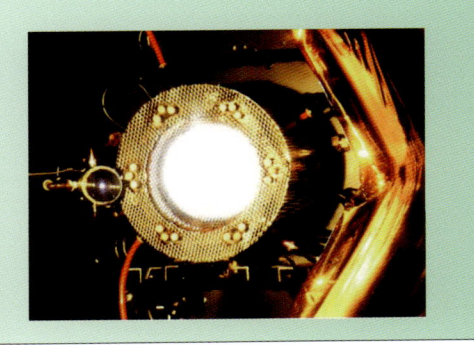

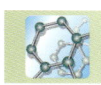

第6章 物質中で原子はどう結びついているか

章末問題

1 ある物質が金属かどうかを調べたい．どのような方法があるか．簡単に述べよ．

2 厚さ1 mmほどの磁器の皿と，うすい台所用アルミホイルを太陽にかざして見た場合，光を通すのはどちらか．またその理由を，自由電子を使って考えよ．

3 次の原子が安定なイオンになるときには，どんなイオンになるか．周期表を参考にして，何価の何イオンというかたちで答えよ．
① $_3$Li（リチウム），② $_{38}$Sr（ストロンチウム），③ $_{53}$I（ヨウ素）

4 表6-2や表6-3を参考にして，以下の身近なイオン結合性化合物の組成式をつくってみよう．なお（ ）内に書いてあるのはその物質の化合物名なので，これをヒントにしてつくること．
① 医療用のギプスなどに使われる石こう（硫酸カルシウム）
② 古代エジプトで使われていた，有害な鉛入り化粧品〔硫化鉛(II)〕
③ 水に溶かすと発熱し，緊急時に食品の加熱などに使用する生石灰（酸化カルシウム）
④ 旧約聖書にもでてくるソーダという洗剤（炭酸ナトリウム）

5 過去に採掘された金の総量は，およそ10万トンといわれる．4 gの金は0.207 cm^{3}である（p.71のone point 参照）．人類がもっているすべての金を立方体にすると，一辺はおよそ何mになるか．

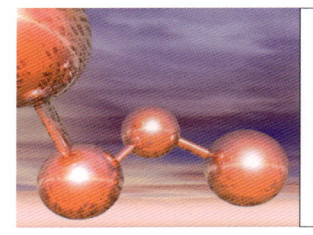

第7章 分子は原子の結合によってできる

　原子が結びついて分子ができる．その分子はどのようなものか，どのような形をしているのか，そして分子のなかで原子はなぜ結合するのか．この章では原子がどのように結びついて，分子ができるのかを考えることにする．

7.1 原子が結合してできる分子

分子はすべて化学式で表せる

　同種類または異なる種類のいくつかの原子が結合してできたものを**分子**という．私たちの身の回りにある物質の多くは分子というかたちで存在している．分子にはもっとも小さい水素分子から巨大なタンパク質までさまざまなものがある．これらの分子はどのようにして原子からできあがるのだろうか．

分子を表す化学式　分子については第1章，第2章でも簡単に述べた．ここでは，図7-1も参照しながら，少し詳しく見ていこう．

> **リンク**
> 化学式についてはすでに第1章，第2章でも簡単にふれた．

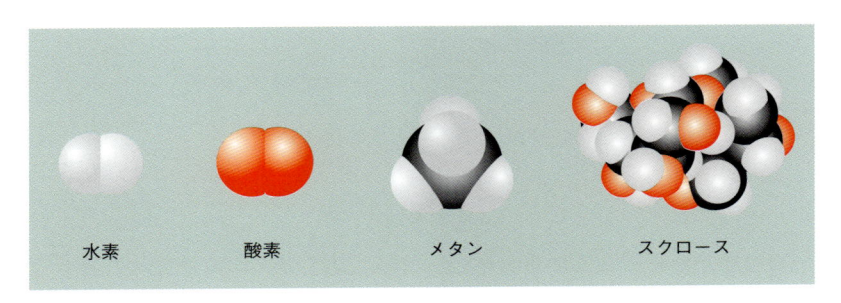

図 7-1　模型を使って分子を表す

　気体の水素の特性をもつ最小の微粒子は，水素原子が2個結びついた水素分子（化学式 H_2）であり，水素原子（記号 H）ではない．気体の酸素の特性をもつ最小の微粒子も，酸素原子が2個結びついた酸素分子（化学式 O_2）であり，酸素原子（記号 O）ではない．

第7章　分子は原子の結合によってできる

燃料などに利用されるメタンは，炭素原子（C）1個と水素原子（H）4個からなる分子で CH_4 と表される．メタンが燃えると水と二酸化炭素ができる．水の特性をもつ最小の微粒子は，酸素原子1個に水素原子が2個結びついた水分子で，化学式は H_2O である．二酸化炭素の分子は炭素原子1個と酸素原子2個が結びついたもので，化学式は CO_2 と表される．また，砂糖の主成分ショ糖（スクロース）の分子は炭素原子12個，水素原子22個，酸素原子11個が結びついたもので，化学式は $C_{12}H_{22}O_{11}$ と表される（図7-1）．

このようにすべての分子は**化学式**というツールを使って表される．このツールは世界に共通なもので，言語の違う世界の化学者に共通の理解を与えるものである．このことは，化学の進歩にとって非常に大切である．

エタノールの分子は炭素原子2個，水素原子6個，酸素原子1個が結びついてできており，C_2H_6O という化学式で表される．化学式のように構成元素の数ではなく，原子がどのように並び，結びついているかを重視した表し方（CH_3CH_2OH）を用いると，図7-2のようになる．この表し方を**構造式**といい，分子内での原子の並び方（**分子構造**という）がわかる．

> **one point**
> **化学式の意味**
> 化学式とは，物質を元素記号と数字を使って表したものである．この化学式を見ると，どのような原子がどんな割合で結びついているかが，たちどころにわかる．

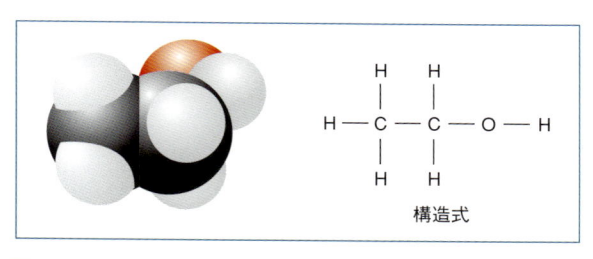

図 7-2　エタノールの分子模型とその構造式

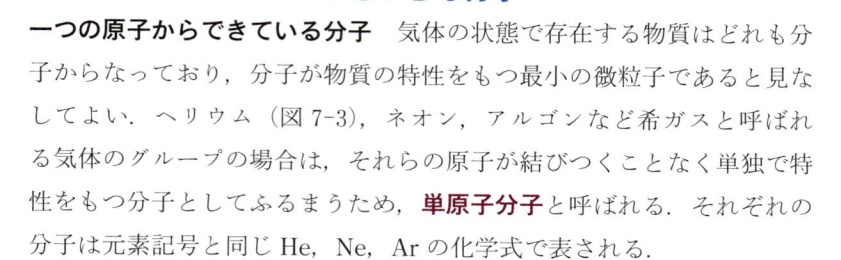

いろいろな分子

一つの原子からできている分子　気体の状態で存在する物質はどれも分子からなっており，分子が物質の特性をもつ最小の微粒子であると見なしてよい．ヘリウム（図7-3），ネオン，アルゴンなど希ガスと呼ばれる気体のグループの場合は，それらの原子が結びつくことなく単独で特性をもつ分子としてふるまうため，**単原子分子**と呼ばれる．それぞれの分子は元素記号と同じ He，Ne，Ar の化学式で表される．

分子が存在しない物質　固体の状態で存在する物質のなかには，スクロ

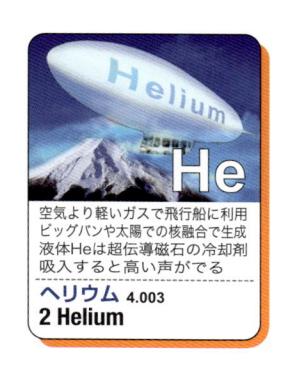

図 7-3　身の回りで使われるヘリウム

ースのように分子からなる物質と，食塩（塩化ナトリウム）や鉄のように分子でできていない物質がある．これは，分子からなる物質とそうではない物質では，原子の結びつき方に違いがあるためである．

7.2 共有結合による分子のなりたち

電子を共有するやり方で結合する

周期表の左側にある元素は陽イオンをつくりやすく，周期表の右側にある元素は陰イオンをつくりやすいことは，すでに第6章で詳しく見てきた．

では周期表の真中あたりに位置する元素はどんな状態で安定になるのだろうか？　これらの元素では，**希ガス型電子配置**になるには，電子をもらうにしても放出するにしても，出入りする電子数が多くなる．したがって，単純に電子を受け取ったり放出したりしてイオンのかたちになることによって安定化するのは難しい．そこで，電子殻が満たされていないほかの原子と，電子殻にある電子を互いに共有することにより，見かけ上どちらも最外殻の収容電子数が希ガス型になる．こうすると両方の原子は強く結びついて離れなくなる．これを**共有結合**という．

共有結合するもっとも典型的な元素である炭素原子を例にとって考えてみよう．炭素は6個の電子をもち，もっとも外側の電子殻2に4個の電子をもっている．電子をドット "・" で示すと，炭素原子は図7-4のように表される．炭素は共有結合をつくってつながり，安定な結合した状態になる．共有結合は，生物を構成する有機化合物を形づくるもっともありふれた結合である．この結合で結びつく元素はおもにC，H，O，Nなどである．

リンク

イオン結合については第6章で詳しく述べた．

one point

共有結合のイメージ

たとえば，2人でボールを1個使って（共有して）野球のキャッチボールやサッカーのパスをしているときには，お互いがほぼ一定の距離を保ちながらボールをやりとりしているのに似ている．このようにものを共有したり，やりとり（交換）をすると，結びつきが強くなる．これが共有結合のできる理由である．

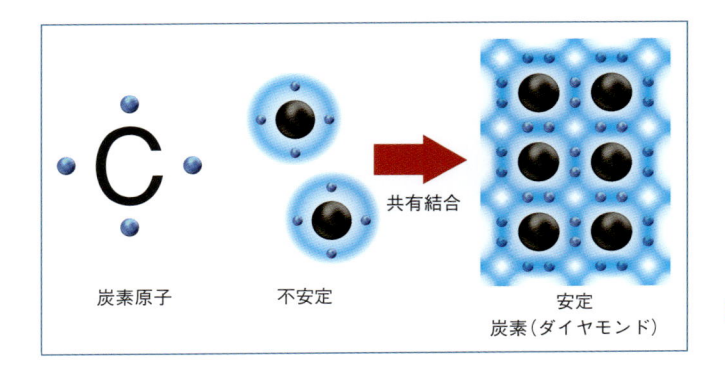

図7-4　炭素原子は共有結合をつくって安定になる

第7章　分子は原子の結合によってできる

図 7-5　共有結合でできるいろいろな分子

水分子　二酸化炭素分子　窒素分子　アンモニア分子

このような共有結合によってできる分子の例を図7-5に示す．これらの結合の共通点はどんな点であろうか？　原子のまわりにある電子の数に注目すると，いずれも2個や8個になっていることに気づく．これもまた希ガス型電子配置と同じであり，最外殻が閉殻やオクテット構造になっている．

共有結合のカギをにぎる電子対

共有結合で結びつく元素はC，H，O，Nなどの**非金属**が主で，結合の形成には電子の二つ1組のペアが重要な役割を果たす．これを**共有電子対**と呼び，"："で表す．

イオン結合では2＋，1－などのイオンの価数と符号が重要であったが，共有結合ではその代わりに原子内に単独で存在する電子をドット"・"で表し，この"・"を**不対電子**という．

いま第二周期の元素について，価電子の数を考えてみる．原子の構造は第5章で述べたように，電子殻1，電子殻2，電子殻3，…に電子が収容されるしくみになっている．結合にかかわるのはもっとも外側の電

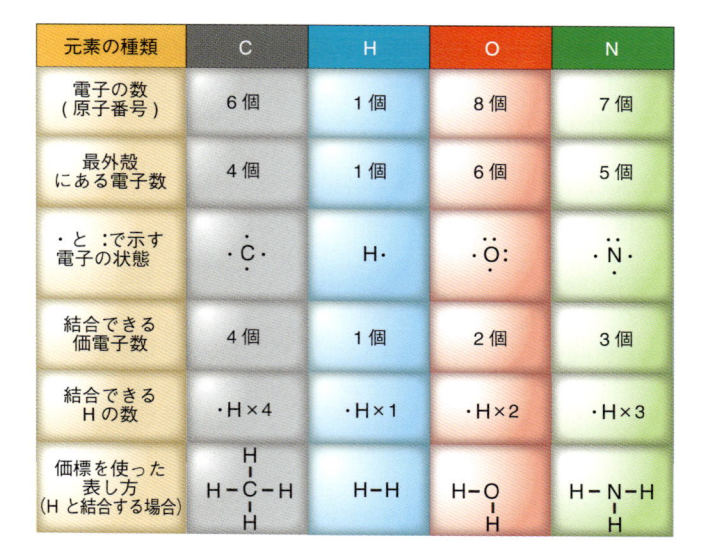

> **リンク**
> 電子殻1，2，3については第5章で学んだ．

元素の種類	C	H	O	N
電子の数（原子番号）	6個	1個	8個	7個
最外殻にある電子数	4個	1個	6個	5個
・と：で示す電子の状態	·C·	H·	·O:	·N·
結合できる価電子数	4個	1個	2個	3個
結合できるHの数	·H×4	·H×1	·H×2	·H×3
価標を使った表し方（Hと結合する場合）	H–C–H（上下にH）	H–H	H–O–H	H–N–H（下にH）

図 7-6　結合に参加できる電子の数

7.2 共有結合による分子のなりたち

子殻にある電子で，ここでは電子の数が4個以下の場合に電子は単独で存在し，4個を超えた場合には図7-6のように電子は1組のペアをつくり，共有結合には参加しなくなる．実際に，いくつかの元素についてこの〝・〟の数を示してみよう．

この〝・〟の数をイオンにおける価数と同様に考えると，化合物を考えることができる．CとHの場合で考えてみる．図7-6よりCは四つの相手と結合をつくることができ，Hは一つである．ここで重要なのは，化合物をつくるときは不安定な〝・〟は存在せず，〝・〟は必ず相手とペアを組み，〝：〟となって結合するということである．このためC：Hは1：4の割合で結びつくと安定になり，CH_4という物質ができる（図7-7）．これがメタン分子である．図では，結合に使われている電子のペアを―（**価標**という）を使った表し方でも示している．この価標を使って原子間の結合を表した式が構造式である．

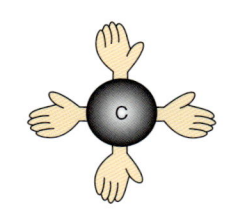

炭素は四つの手をもつ

> **one point**
> **結合と価標の関係**
> 原子間に電子対：が2組ある場合を二重結合と呼ぶ．価標では＝で表す．同様に3組ある場合は，三重結合と呼び，≡で表す．通常の1組の場合は単結合と呼び，―で示す．

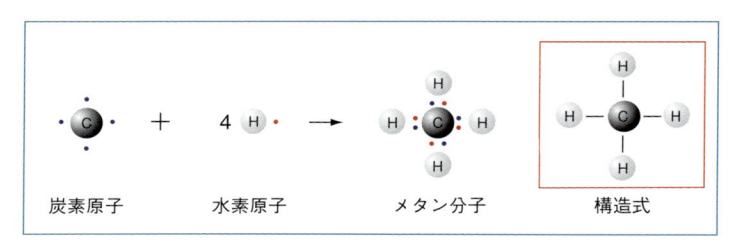

図7-7　**メタン分子のなりたち**

水，アンモニア，二酸化炭素や窒素も，上のように考えて分子をつくることができる．

結合は完全には分類できない

いままで学んできた結合の考え方は，私たちが物質を解釈する一つの手段にすぎず，自然界に存在する物質をこれらの概念ではっきりと分類できるわけではない．結果的に，これらの性質をあわせもつものが多いということである．

HClについてはどうであろうか？　水に溶かすと水素イオンと塩化物イオンに分かれるから，イオン結合と考えてもよいが，非金属どうしの結合だから共有結合と考えることもできる．

便宜上，理解しやすいように結合を分類しているが（おおまかな性質をとらえるには便利），実際には「○○結合の物質」とはっきりいい切

リンク
第6章で学んだイオン結合を思い起こそう．

第7章 分子は原子の結合によってできる

れるものは非常に少ない．多くの物質はいろいろな結合の性質をあわせもったものといえる．

7.3 水素結合と不思議な水分子

水は世界中でもっともよく知られた物質といえよう．H_2O という化学式を知らない人はまずいないであろう．一つの**水分子**は，酸素原子1個と水素原子2個が共有結合によって結びついている．水は身近な物質でありながら，非常に特異な性質をもった不思議な分子であることは第1章でも述べた．この不思議さの源は，それぞれの水分子をつなぐ**水素結合**という力である．この節では水素結合について説明しよう．

> **リンク**
> 水の特異的性質に関しては第3章でも説明した．

分子には特有の形がある

原子が結びついて分子ができるとき，もとの球状の原子が互いにくい込んだような形になって結びついている．たとえば，水の分子は「にぎりめし（Vの字）」，二酸化炭素の分子は「だんご」のような形をしており，また，ベンゼン C_6H_6 の分子は環状の形をしている（図7-8）．このような**分子の形**は，分子のもつ性質と密接に関係する．

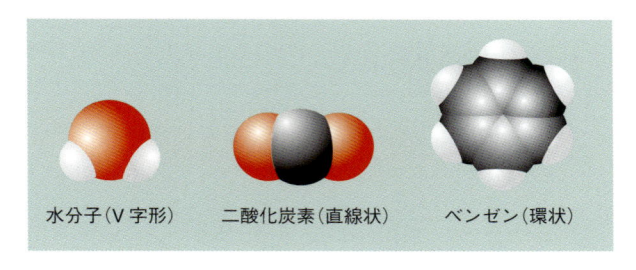

水分子（V字形）　　二酸化炭素（直線状）　　ベンゼン（環状）

図 7-8 いろいろな分子の形

水分子の形と水素結合

ここで水分子の形が折れ曲がっていることには，たいへん重要な意味がある．水の折れ曲がっている形は，分子全体として，電子の分布に偏りがあることを意味する．分子全体は電気的に中性な状態なのに，電子の偏りによって水素原子は＋の電荷をもち，酸素原子は－の電荷をもつ状態になる（分子の**極性**という．図7-9）．そして水素原子は近くの水分子の酸素原子と引き合って，水素結合を形成する．水素結合は共有結合

> **用語解説**
> **分子の極性**
> 電気的に偏りがある分子は極性をもち（極性分子），偏りがない場合は極性がない（無極性分子）．二酸化炭素分子の場合は，C＝O 結合の電子の分布は偏っているが，分子の形が直線状なので，無極性分子である．

よりは弱いが，分子どうしが引き合う力のなかでは強い．この力のはたらきで，水は次のような不思議な性質をもつことができる．

① 同じような小さな分子でできた物質に比べて，分子間に強い引力があるため，沸点や融点が異常に高い[*1]．

② 固体になるときに，水素結合によって液体よりすきまのある結晶ができる（図3-4参照）．したがって氷は水に浮く．

③ 小さなV字型をしているので，固体のすきまに入りやすい．またわずかに＋と－の部分をもっているので，陽イオンとも陰イオンとも結びつきやすい．したがって，ほかに例のないほどいろいろな固体を溶かす．

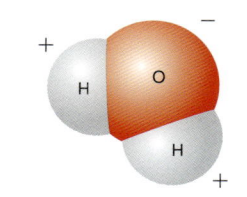

図7-9 水分子の極性

*1 分子が同じくらいの大きさのメタンは，融点－183℃，沸点－161℃である．

このほかにも表面張力の大きさ，比熱の大きさなど多くの不思議な性質をもち，現在でも多くの科学者が研究の対象としている．もし，水が二酸化炭素のようにまっすぐな形だったら，まったく別の性質をもつ物質になり，地球上に生命は誕生しなかったかもしれない．

7.4 物質量の考え方で原子や分子を数える

これまでの章では原子や分子1個について，それらの性質を考えてきた．しかし身の回りの物質を扱うときには，質量というものさしで物質を扱っている．原子や分子にはそれぞれ質量があるが，それら1粒は軽すぎてとてもてんびんではかれるような質量ではない．私たちは非常に小さな粒子を意識しながら，物質を扱うときにどんな方法でそれを表現しているだろうか？

これを解決し，日常扱う物質と原子や分子を結びつけるのが**物質量**という考え方である．この節では物質量の使い方について学んでいこう．

用語解説

物質量

物質量とは，化学の世界では化学物質を構成する原子や分子の数をもとにして考えた物質の量である．変な日本語であるが，化学では非常に重要な概念である．

小さな粒はひとまとめで扱おう

私たちが日常的に小さな粒状の物体を扱うときは，ある個数を「10○」というようにひとまとめにして考え，1袋とか1箱という単位で数えている（図7-10）．

化学でもこの"ひとまとめ"という考え方が大切で，袋・束・ケースなどの代わりに「mol（モル）」という単位を使うことになっている．長さの単位としてmやkm，質量の単位としてg，kgがあるように，物質量の単位がこのmolである．では物質量とは何をさすのであろうか．

第 7 章　分子は原子の結合によってできる

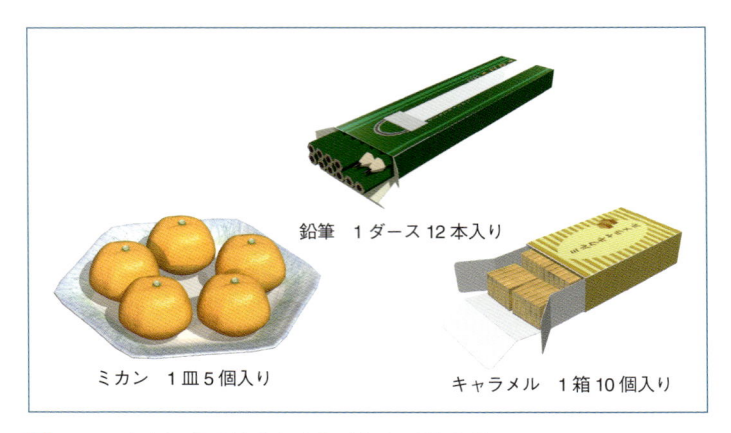

図 7-10　小さいものはひとまとめにして数える

１モルには何個入っているか？

　１箱200個入り，１ダース12個詰め，というような表現があるが，では，1 mol は〝ひとまとめ〟で何個を表しているのだろうか．第１章でも少しふれたが，物質量 1 mol は，6.0×10^{23}個というとてつもなく大きな数である．これを**アボガドロ定数**と呼ぶ．なぜこんなに大きな数になるのかというと，目に見える物質はすべて，膨大な数の原子や分子が集まって構成されているからである（図 7-11）．水素原子なら 1 mol 分集めてようやく 1 g となる．1 g ならば，かろうじてふつうのてんびんにのせて質量をはかることができる．実際に扱うときにはこの数をあまり意識せず，1 mol は同じ個数の入った１袋の意味と考えればよい．

> **one point**
> **似た用語に注意！**
> 正確には，アボガドロ定数は 6.02214×10^{23}/mol である．似た用語にアボガドロ数というのがあるが，アボガドロ定数とは 1 mol 当たり（化学では /mol と表記する）のアボガドロ数（6.02214×10^{23}）ということになる．

$$\begin{array}{ccc}
\text{原子や分子1個の質量} \times \text{アボガドロ定数} & = & \text{1 mol の質量} \\
\text{単位（g）} \quad \text{単位（/mol）} & & \text{単位（g/mol）}
\end{array}$$

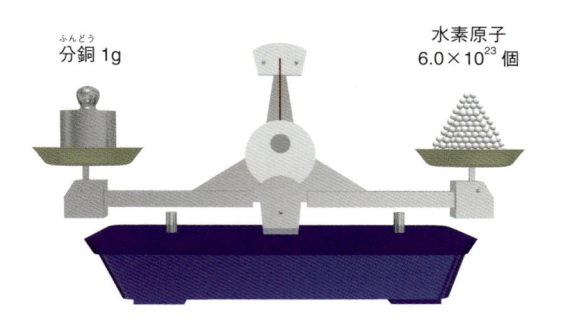

図 7-11　水素原子の質量は 1 mol 集めると 1 g になる

1 モルの原子の質量はそれぞれみな違う

原子は種類によって大きさも質量も異なるので，1 mol の質量は原子の種類によって異なる．アルミニウム Al と銅 Cu で，同じ数ずつ集めて質量を比較してみよう（図 7-12）．

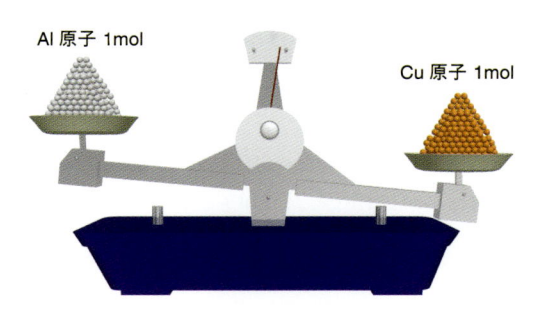

図 7-12　1 mol の物質の質量は物質によって違う

ここで，第 5 章で説明した元素の周期表を見てみよう．周期表の Al, Cu の欄に書いてある 27.0, 63.5 という数値を**原子量**という．これらの値には単位をつけないが，この数値に単位 g/mol をつけたものをモル質量と呼び，それぞれの元素 1 mol（＝ 6.0×10^{23} 個）当たりの質量である．

> **用語解説**
> **原子量**
> 正しくは相対原子質量といい，各元素の原子量は $^{12}C = 12$ を基準として求める．実際は，それぞれの元素で同位体の存在比率を考え，それらを平均して求める．

例題 1

（1）ヘリウム原子 1 個は 6.65×10^{-24} g である．ヘリウムのモル質量はいくらか．

（2）次の物質 1 mol の質量を周期表（見返し参照）より求めよ．
　①　ナトリウム Na　　②　硫黄 S　　③　アルゴン Ar

（3）カルシウム Ca 1 mol は 40 g である．次の質量を求めよ．
　①　カルシウム 0.50 mol　　②　カルシウム原子 1.5×10^{23} 個

解答

（1）原子や分子 1 個の質量×アボガドロ定数＝ 1 mol の質量
という関係を使ってモル質量を求める．すなわち，
6.65×10^{-24} g × 6.0×10^{23}/mol ＝ 4.0 g/mol

（2）周期表より，それぞれの原子の下に書いてある数値を読み取る．
　　　Na　　　　S　　　　Ar
　　22.99　　32.07　　39.95　（g/mol）

> **one point**
> **化学的知識の意味**
> 本書で説明している一つ一つの化学的知識は，化学者たちの長年の努力によって得られたものである．大切なことは，これらの知識を単に暗記することではなく，その意味について考えることである．

第7章　分子は原子の結合によってできる

> （3）① カルシウム0.50 mol の質量をx g とすると，次のような比例関係が成り立つ．
>
> $$1.0 \text{ mol} : 40 \text{ g} = 0.50 \text{ mol} : x \text{ g} \quad \text{これより } x = 20 \text{ g}$$
>
> ② 1.0 mol は原子6.0×10^{23}個に相当するので，1.5×10^{23}個は
>
> $$\frac{1.5 \times 10^{23}}{6.0 \times 10^{23}/\text{mol}} = 0.25 \text{ mol} \quad \text{となる．}$$
>
> 0.25 mol のカルシウム原子の質量をy g とおけば，
>
> $$1.0 \text{ mol} : 40 \text{ g} = 0.25 \text{ mol} : y \text{ g} \quad \text{これより } y = 10 \text{ g}$$

分子の質量を求めるには

原子の場合は，周期表からすぐに1 mol の質量を求めることができるが，分子や化合物の場合はどのように考えたらよいだろうか．

分子は原子が集まってひとかたまりになっているので，"1粒"の考え方が違ってくる．

分子は全体で1粒と考えるので，前述の原子量と同様に扱うとすれば，分子1 mol の質量はそれを構成している原子の原子量をたし合わせたものとなる．この合計した値が**分子量**である．周期表より原子量はHが1.0，Cが12，Nが14，Oは16なので，以下のように計算できる．

水　H_2O の分子量　　　　1.0×2 個 $+ 16 \times 1$ 個 $= 18$
二酸化炭素　CO_2 の分子量　12×1 個 $+ 16 \times 2$ 個 $= 44$
アンモニア　NH_3 の分子量　14×1 個 $+ 1.0 \times 3$ 個 $= 17$

つまり，水分子が1 mol（$= 6.0 \times 10^{23}$個）集まると，その質量は18 g となり，二酸化炭素は44 g となる．もし二酸化炭素が22 g あれば，1 mol の半分なので0.5 mol（$= 3.0 \times 10^{23}$個）の分子を含むことになる．

ではイオンからできている物質の場合はどのように考えたらよいのだろうか．イオン性の物質や金属の固体は，分子のような独立した1粒は存在せず多数の原子が結合しているので，その比率を単に構成原子の整数比で表し，**組成式**として示している．たとえば，組成式NaClやCaSO$_4$も反応の計算を行う際には分子と同じに考えてよい．ただし，分子ではないので分子量ではなく**式量**と呼ぶ．いくつかの物質で求めてみると，次のようになる．

---

one point

コップ1杯の水は？

水の密度は1.0 g/cm³だから，18 g は18 cm³（=mL），180 g は180 cm³である．コップ1杯の水は約10 mol あることになる．

昔から日本では液体の体積をはかるとき，1勺(しゃく)（18 mL），1合(ごう)（180 mL），1升(しょう)（1.8 L）という単位を使った．これはそれぞれ水1 mol，10 mol，100 mol に相当する．

リンク

イオンについては第6章で詳しく学んだ．

$NaCl$ の式量：(Na の原子量) 23 × 1 個
　　　　　　　＋ (Cl の原子量) 35.5 × 1 個 ＝ 58.5

$CaSO_4$ の式量：(Ca の原子量) 40 × 1 個＋(S の原子量) 32 × 1 個
　　　　　　　＋ (O の原子量) 16 × 4 個　＝ 136

例題 2

次の元素の原子量を C：12，H：1.0，O：16，N：14，Cl：35.5，Ca：40として以下の値を計算せよ．
（1）　メタン CH_4 の分子量　　（2）　塩化カルシウム $CaCl_2$ の式量
（3）　水0.25 mol の質量　　（4）　アンモニア51 g の物質量（mol）
（5）　二酸化炭素440 g に含まれる分子の数と酸素原子の数

解答

（1）　分子量は分子を構成する元素の原子量の合計なので，12 × 1 ＋ 1.0 × 4 ＝ 16

（2）　式量も（1）と同様に原子量の総和であるから40 × 1 ＋ 35.5 × 2 ＝ 111

（3）　水の分子量は1.0 × 2 ＋ 16 × 1 ＝ 18である．これは水1 mol が18 g であることを意味するので，0.25 mol はその1/4である．よって18 g × 1/4 ＝ 4.5 g

（4）　アンモニア NH_3 の分子量は14 × 1 ＋ 1.0 × 3 ＝ 17である．17 g で1 mol なので，51 g は3 mol に相当する．

（5）　二酸化炭素 CO_2 の分子量は12 × 1 ＋ 16 × 2 ＝ 44である．1 mol が44 g なので，440 g は10 mol に相当する．1 mol に含まれる分子の数は6.0×10^{23} 個なので，10 mol には6.0×10^{24} 個の分子が含まれる．また，CO_2 1分子には2個の酸素原子が含まれるので，その数は分子の数の2倍になる．よって$2 \times 6.0 \times 10^{24}$ 個 ＝ 1.2×10^{25} 個となる．

原子量や分子量などの化学で扱う数値は，日常生活で役に立つのだろうか？　たとえば原油何キロリットル，天然ガス何億トンなどの資源の量を新聞で見ても，この化学的な量の概念がなければ，それがどれほどの価値で，環境負荷はどれくらいかを知ることはできない．物質の量を本質的に考えるとき，これらの概念は不可欠となる．

化学の概念は日常生活に役立つ

第7章　分子は原子の結合によってできる

COLUMN　美しい絵や美術品に要注意！——鉛中毒の恐怖

鉛による中毒はローマ時代より知られてきた．近世の有名人でも作曲家のベートーベンをはじめ，鉛の毒性に苦しんだ人は多い．現在でも古い絵画，壁の塗料，旧式の水道管，数百年前のワインのデカンタなどから少量の鉛が検出され，使用や鑑賞にも注意が必要である．

鉛は少量の摂取では劇的な症状が現れないので，環境からの摂取に気づかないことが多く，結果として鉛中毒は現在でも根絶されていない．血液中の鉛濃度に関して，一部の地域では入学前の全児童を対象に検査を行っている．人間よりも微量の鉛で死んでしまう鳥類などはなおさらで，カーテンのおもりをかじった程度で死ぬこともある．

人体では鉛の血液中の許容濃度は 40 μg/100 mL 以下といわれており，この章で学んだ物質量の考え方を用いると，血液を形成する分子1000万のうち，鉛原子がおよそ数個以上の割合になると体に悪影響があることがわかる．

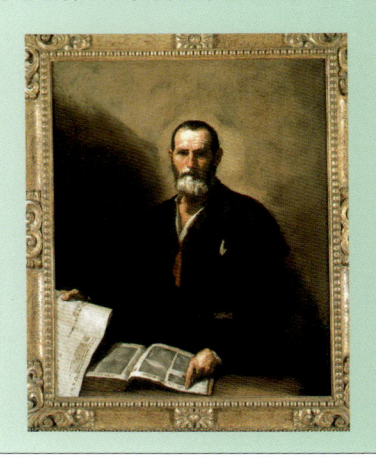

章末問題

1 地球の人口は20世紀後半に60億（6.0×10^9）人を突破した．この人数は何 mol に相当するか．

2 地球の人類全員（60億人）で，1 mol の粒子を数えてみることにした．各人1秒で1個数えられるとすると，6.0×10^{23} 個を数えるのにどのくらいの時間がかかるか．

3 火星の平均気温は −55 ℃，（最高気温27 ℃，最低気温 −133 ℃）である．なぜこのように寒暖の差が大きいのか．その理由を考えてみよう．

4 史上最大のダイヤモンドは1905年に南アフリカで発見されたもので，約3100カラットの原石である．この原石がすべて炭素でできていると仮定すれば，何 mol か．また，何個の炭素原子からできているか．ただし1カラットは0.20 g とし，炭素の原子量を12として計算せよ．

5 この章で学んだやり方にならって，次の物質の構造式を書いてみよう．
　① プロパン C_3H_8
　② エテン（エチレン）C_2H_4
　③ シクロプロパン C_3H_6（ただし，炭素 C は三角形をつくっている）

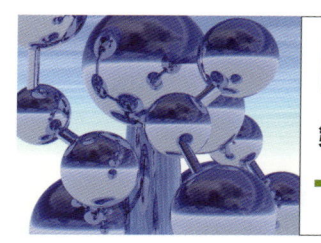

第 8 章 身近な現象から気体と溶液の性質を学ぶ

　自然界に起こるさまざまな現象はすべて物質がかかわっている．これまでの章で，すべての物質が小さな粒子でできていることを学んできた．この粒子の考え方を使って身近な現象のいくつかを説明してみよう．

8.1　身近な現象から気体の性質を学ぶ

ポテトチップスの袋がふくらんだ

　ポテトチップスの袋をもって高い山に登ると，菓子の袋がどんどんふくらんできて，パンパンに張った状態になる（図 8-1）．この現象を粒子の考え方で説明してみよう．

　ポテトチップスの袋のなかには，ポテトチップスが粉々にならないように，クッションの役目をする気体（窒素）が入れてある．第 4 章でみてきたように，気体では粒子（分子）がばらばらに存在して，たえず飛び回っている．袋のなかの気体が外に向かって袋を押し膨張しようとする力と，外の空気が袋を押して圧縮しようとする力はつり合っている．そのため，袋のなかの気体は一定の体積を示す．高い山では，空気（大

図 8-1　高い山でふくらんだポテトチップスの袋

第 8 章　身近な現象から気体と溶液の性質を学ぶ

ボイル
アイルランド出身の貴族で化学者（1627〜1691）．ロンドン王立協会会員でもあった．

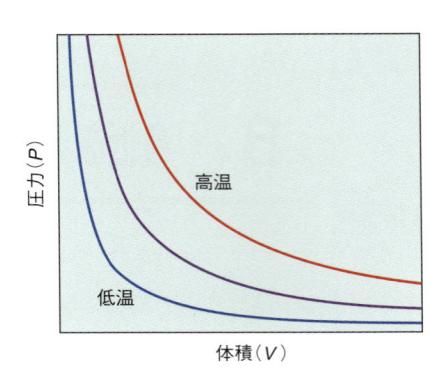

図 8-2　圧力と体積は反比例する

気）が低地よりもうすく圧力（**大気圧**）が低いので，外から袋を押す力が弱くなる．したがって，袋のなかの気体はふくらみ，袋はパンパンになる．もし，外側が真空に近くなり，袋の強度が弱ければ袋が破裂して，袋のなかの気体分子は外に飛びだす．

　この原理を次のように一般化することができる．気体は圧縮して体積を小さくすることができるが，押さえていた力をゆるめるともとの体積にもどる．外から押さえつけられて体積が縮んだ気体では，気体の分子が密集して容器の壁に衝突する回数が増え，容器の壁を外に押し返す力，すなわち気体の**圧力**が高くなる．

　この気体の圧力と体積の関係は，1662年にイギリスのボイルによって発見された次の**ボイルの法則**で表される．

　「密閉された容器内の空気の体積と圧力とは反比例する」

　ボイル自身はこの法則を1/30気圧から 4 気圧[*1]まで確かめた．さらに，この法則は空気以外の気体にも成り立つことがわかり，次のように表されている．

　「一定量（一定の質量）の気体の体積は，温度が一定のとき，圧力に反比例する．」

　反比例は「かけると一定」ということだから，体積 V と圧力 P の関係（図 8-2）は次式で表される．

$$PV = 一定 \tag{8-1}$$

用語解説

圧　力
一定面積当たりにかかる力の大きさを圧力という．単位はパスカル（Pa）．

[*1]　通常の大気の圧力は 1 気圧（atm）で，1013 hPa（1.0×10^5 Pa）.

熱気球はなぜ上がる

　気球に乗って空を飛ぶ．そんな冒険も化学の原理によって実現できた．

8.1 身近な現象から気体の性質を学ぶ

気球に空気を入れてもそのままでは浮かび上がらないが，気球のなかの空気をバーナーで温めていくと，ついに気球は浮かび上がる．このとき何が起こっているのだろうか．粒子の考え方で説明してみよう．

気体の体積は温度によって変化する．温度が高いほど気体分子の運動が激しいので，同じ圧力のもとでは高温のときほど体積が大きくなり，逆に低温のときほど体積が小さくなる．つまり，気球のなかに入っている気体分子の数が変わらないと仮定すると，気体の質量は一定なので，温める前に比べて気体の密度（＝質量/体積）が小さくなる．気球のなかの気体の温度が上がるにつれて，気球中の気体の密度が，気球の外側の空気の密度よりもどんどん小さくなり，ついに気球は浮かび上がる（図8-3）．

この気体の温度 T と体積 V の関係は，ボイルの法則から125年後の1787年にフランスのシャルルによって詳しく調べられ，発表された（**シャルルの法則**という）．

「一定量の気体の体積は，圧力が一定のとき，温度を1℃上げるごとに，0℃のときの体積の1/273ずつ大きくなる．」

温度を273℃にすると0℃のときの2倍の体積になり，546℃にすると0℃のときの3倍の体積になる．つまり，体積 V と**セルシウス温度** t（セ氏，℃）の関係は次式で表される．

$$V = 定数 \times (t + 273)$$

このセルシウス温度と体積との関係をグラフに書くと，−273℃のと

シャルル
フランスの物理学者（1746～1823）．初めて水素気球に乗った人としても知られる．

リンク
密度については第3章で詳しく学んだ．

用語解説
セルシウス温度
セルシウス温度は，1気圧の状態で水の凝固点（氷の融点）を0℃，沸点を100℃とし，その間を100等分したものを1℃と定義した温度である．0℃のゼロは何もないという意味ではなく，基準点を示しているにすぎない．

図8-3 温度が上がると熱気球は上昇する

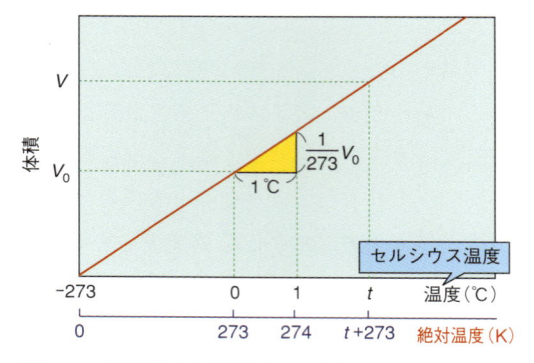

第8章　身近な現象から気体と溶液の性質を学ぶ

図 8-4　絶対温度と体積は正比例する

one point

絶対温度目盛りの導入

イギリスのケルビンは1848年，物質の種類に左右されない温度を定めるため，気体の熱膨張を計算し，温度がなくなってしまう温度の最低限界，つまり気体の体積が理論上0になる温度を基準にした絶対温度目盛りを導入した．

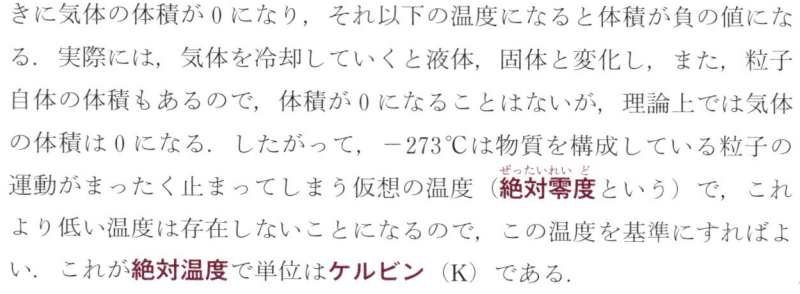

きに気体の体積が0になり，それ以下の温度になると体積が負の値になる．実際には，気体を冷却していくと液体，固体と変化し，また，粒子自体の体積もあるので，体積が0になることはないが，理論上では気体の体積は0になる．したがって，−273℃は物質を構成している粒子の運動がまったく止まってしまう仮想の温度（**絶対零度**という）で，これより低い温度は存在しないことになるので，この温度を基準にすればよい．これが**絶対温度**で単位は**ケルビン**（K）である．

絶対温度 T（単位 K）とセルシウス温度 t（℃）には次の関係がある．絶対温度の 0 K は，−273℃（厳密には−273.15℃）である．

$$T = t + 273$$

したがって，絶対温度 T と体積 V の関係は次式で表される（図 8-4）．

$$\frac{V}{T} = 一定 \tag{8-2}$$

どんな気体にもあてはまる法則

ボイルとシャルルはまったく別の時代を生きた人物だが，シャルルの研究によってボイルの法則（式 8-1）とシャルルの法則（式 8-2）を一つの式にまとめて次式(8-3)のように簡単に表すことができるようになった（**ボイル-シャルルの法則**という）．

$$\frac{PV}{T} = 一定 \tag{8-3}$$

「一定量（一定質量）の気体の体積は圧力に反比例し，絶対温度に正比例する」

ケルビン

イギリスの物理学者（1824〜1907）．本名をウィリアム・トムソンといい，1892年に男爵となり，ケルビン卿と呼ばれるようになった．10歳で大学に入学し，22歳で教授になったという大天才．

8.1 身近な現象から気体の性質を学ぶ

ここで大切なのは，ボイル-シャルルの法則がどんな気体に対しても成り立つということである．ボイル-シャルルの法則は，これまで説明した気体の分子の運動で解釈できる．密閉容器のなかにある気体の分子数は一定である．ここで体積が初めの「1/2」になると，単位体積当たりの衝突回数が初めのときの「2倍」になるので圧力も「2倍」になる．圧力とは，個々の分子が容器に内側から衝突する力の総和だから，衝突回数が2倍になれば，その和である圧力も2倍になる．

第4章で詳しく説明したように，分子のもっている熱運動の平均のエネルギーを表す尺度が温度であるから，気体の分子が熱をもらって温度が高くなると分子の動きが活発になる．つまり，絶対温度が上昇すると，分子の衝突する力が増大する．容器を軟らかくして圧力を一定にすれば体積が，容器を硬くして体積を一定にすれば圧力が増える．逆に，温度が低くなると分子の動きが弱まって圧力か体積が減る．

このように，気体の状態ではどの物質も，分子の運動によって体積と圧力が保たれている．気体の種類によって分子自体の大きさは少しずつ異なるが，その違いは気体の体積自体と比べてきわめて小さくほとんど影響を及ぼさないため，気体の種類によらず，このボイル-シャルルの法則はすべての気体で成り立つ．

すべての気体において分子の運動によって体積と圧力が保たれているということは，次のアボガドロの法則が成り立つ理由でもある．

イタリアのアボガドロは，1811年に物質が分子でできているという仮説を立てて，「同じ温度，同じ圧力，同じ体積で比較したとき，すべての気体はその種類に関係なく，同じ数の分子を含む」という**アボガドロの法則**を発表した．

アボガドロ
イタリアの化学者（1776〜1856）．アボガドロの法則は，彼が生きている間は認められなかった．

リンク
分子の熱運動と温度の関係は第4章で学んだ．

水は100℃で蒸発するか？

「水は100℃で蒸発する」というのは厳密にいうと不正確である．風呂に入ってぬれた髪の毛や，汗をかいた肌や，洗濯後の衣料はいずれ乾く．このときに**蒸発熱**を奪われるので表面は冷える．容器に水を入れてふたをしないで放置すると次第に量が減る．これらの身近な現象より，100℃以下でも水が蒸発することがわかる．

液体からできた気体を蒸気といい，液体と共存するその気体の圧力を**蒸気圧**という．ある温度で可能な蒸気圧の上限は**飽和蒸気圧**と呼ばれ，通常は温度が上がると増える．空気中の水蒸気の量は湿度で表されるが，

100℃以下でも水は蒸発する

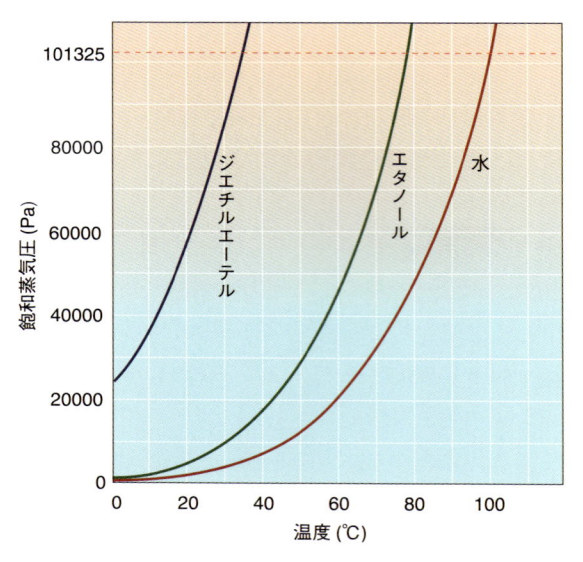

第8章 身近な現象から気体と溶液の性質を学ぶ

図 8-5 いろいろな物質の蒸気圧曲線

これはその温度のときの飽和蒸気圧に対する実際の蒸気圧の比を％で表したものである．

例題 1

25℃の飽和水蒸気量は23 g/m³である．25℃で1 m³中に16 gの水を含む空気の湿度は何％か．

解答

空気 1 m³ 中に含むことができる水蒸気の最大量を飽和水蒸気量という．湿度（％）は次の式で求められる．

$$湿度（\%） = \frac{空気 1\,m^3 中に含まれている水蒸気の量（g）}{その気温での空気 1\,m^3 中の飽和水蒸気量（g）} \times 100$$

16/23 × 100 ＝ 69.5，すなわち湿度70％となる．

このように，ある物質の液体と気体が共存するときの温度と圧力の関係を表した図が**蒸気圧曲線**である（図 8-5）．蒸気圧曲線から，液体が沸騰するときの温度と圧力の関係がわかる．

通常の大気圧のもとでは，水 H_2O の沸点は100℃，エタノール C_2H_6O の沸点は78℃，ジエチルエーテル $C_4H_{10}O$ の沸点は34℃である．

圧力を高くすると，液体の沸点は上昇する．通常の圧力のもとではい

用語解説

沸騰
蒸気圧が大気圧と等しくなったときに液体内部からの蒸発が起こる．この現象を沸騰という．

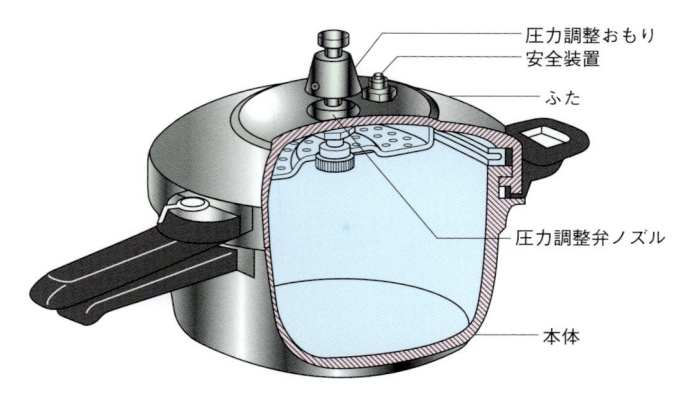

8.1 身近な現象から気体の性質を学ぶ

図 8-6　圧力鍋の構造

くら加熱しても100℃以上の液体の水は得られないが，圧力を高くすると高温の液体が得られるということである．圧力鍋（図 8-6）はこの原理により，圧力をかけることで100℃より高温（約110℃）の液体の水を使って食品を調理する器具である．これとは逆に，気圧の低い場所では水が100℃未満で沸騰してしまい，そのままでは調理に不都合である．たとえば，富士山頂では気圧が低く（平地の約2/3），水は約87℃で沸騰して，それ以上水の温度は上昇しない．したがって，高い山で飯ごうで飯を炊くと，芯のある飯になりやすい．そこで，飯ごうの縁にアルミ箔などを張りつけてふたを押し込むようにすると，圧力が適度にかかりうまく飯が炊けることがある．

物質の状態は圧力によっても変わる

　固体，液体，気体の状態は温度だけでなく圧力によっても変わる．物質の温度と圧力による状態の関係を表した図を**状態図**という．

　1気圧のもとでは，水の融点（凝固点）は0℃，沸点は100℃である．水の状態図（図 8-7）を見ると，圧力を高くすると融点は0℃より低くなり，沸点は100℃より高くなることがわかる．

　1気圧のもとでは液体の二酸化炭素は存在せず，固体の温度を−78℃以上にすると直接気体になる（昇華）．大気圧の約5倍（5.4気圧）以上の圧力のもとでは液体の二酸化炭素が存在する．これらのことが二酸化炭素の状態図からわかる．

　このように，すべての物質は温度と圧力を変えると，固体，液体，気体の状態を変化させることができる．

> **one point**
> **宇宙空間での水**
> 宇宙の真空のなかに液体の水を置くとどうなるか考えてみよう．水は蒸発するが，気体は宇宙のなかに飛び散ってしまうので，飽和蒸気圧に達しない．水はどんどん蒸発するので，蒸発熱を奪われて温度がどんどん下がり，そのうちに凍ってしまう．

第8章 身近な現象から気体と溶液の性質を学ぶ

用語解説

三重点と臨界点

水の状態図にある三重点とは，固体，液体，気体が共存できる点である．したがって水は0.006気圧で0.01℃にすると，氷と水と水蒸気が自由な比率で存在できるようになる．
また，温度と圧力を上げていくと，ある点以上で液体と気体の水は互いに区別できなくなる．この点を臨界点という．

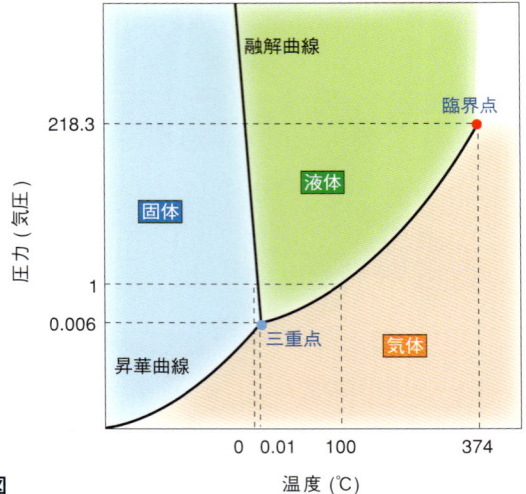

図8-7 水の状態図

8.2 物質はどのようにして溶けるか

気体は高温になるほど溶けにくい

気体には，アンモニアや塩化水素のように水によく溶けるものもある．しかし，酸素や窒素など水に溶けにくい気体も多い．水に溶けにくい気体が水と接しているとき，どのような現象が起こっているのだろうか．

鍋に水を入れ，コンロで温めると鍋の側壁にやがて気泡が発生する．これは，水の温度が上昇するにつれて，水にわずかに溶けていた空気（窒素や酸素）が気体になってでてきたためである．このことからも気体は温度が高いほど水に溶けにくくなることがわかる．この現象を気体分子の運動で考えてみよう．温度が高くなると，液体の水のなかに溶けていた気体分子の運動が激しくなって水中から飛びだしていくため，溶ける気体分子の割合は小さくなる．

空気中の酸素が水に溶けることは，水中に生育する生きものの生活に大きな影響を与える．水中の生物は，呼吸しながら水に溶けている酸素（溶存酸素）を取り込んでいる．暑くなって水温が高くなると，溶存酸素の濃度が小さくなるため呼吸が困難になり，魚が水面で口をパクパクさせる現象が見られる．

サイダーやコーラなどの炭酸飲料は，冷やして水の温度を下げて（2～4℃），圧力をかけて強制的に二酸化炭素（炭酸ガスともいう，CO_2）を溶け込ませている（液体の4倍ぐらいの体積の二酸化炭素が溶

図8-8 CO_2 が溶け込んでいる炭酸飲料

けている．図 8-8）．冷却したり，圧力をかけたりするのは，それによって水に溶け込む二酸化炭素の量が多くなるからである．

　炭酸飲料のふたを開けると二酸化炭素の泡がいきおいよくでてくるのは，容器内の圧力が下がり，溶けきれなくなったためである．つまり気体は，圧力をかけるほどよく溶ける．気体の圧力が高いと，上から押さえつけられるため気体分子は液体中に入りやすく，また液体から飛びだしにくくなる．すなわち気体の**溶解度**は，圧力に比例して大きくなる．

　「溶解度が小さい気体の場合，一定温度で，一定量の溶媒に溶ける気体の質量は，その気体の圧力に比例する」（**ヘンリーの法則**）

　水と気体の入った容器に圧力を加えていくと，圧力とともに水に溶け込む気体の量が増していく．たとえば，ダイビングでは水深とともに水圧が上がるので，体内の血液中に溶け込む窒素と酸素の量が増していく．そして，急浮上すると，水圧が急に下がるので血中に溶け込んでいた窒素が気泡となって，血流障害を起こしたりする減圧症となるので注意しなければならない．

> **用語解説**
> **気体の溶解度**
> 気体の溶解度とは，一定の温度で，1気圧の気体が溶媒（水）1 mL に溶ける質量をいう．

水に溶ける固体

　砂糖（ショ糖，スクロース）は水によく溶ける．砂糖水になると砂糖の粒は目に見えなくなるが，これは砂糖の分子がばらばらに散らばって離れているからである．食塩（塩化ナトリウム）を水に溶かして食塩水をつくるときも，食塩を構成する粒子（Na^+ と Cl^- のイオン）が散らばっていくので目に見えない無色透明の**溶液**になる（図 8-9）．これが

> **用語解説**
> **水溶液**
> 溶媒（水）に溶けている物質を溶質（砂糖や食塩）といい，溶媒の水と溶質を合わせた均一な混合物を水溶液と呼ぶ．

> 食塩の Na^+ と Cl^- は水と結びつき，イオンが水分子で取り囲まれた状態（水和という）でばらばらに散らばって溶けていく．

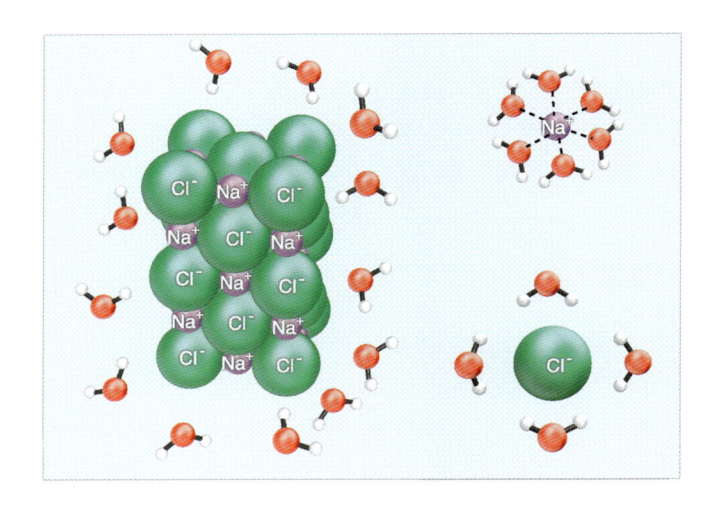

図 8-9　食塩が溶けるしくみ

溶ける（**溶解**という）ということであり，この溶解現象には水が大きな役割を果たしている．

物質は水にいくらでも溶けるわけではない．水の分子が物質の粒子を散らばらせるはたらきには限界がある．ある物質が限界まで溶けている溶液を**飽和溶液**という．

食塩水を加熱すると，水の分子が加熱され空間に飛びだしていく．水の分子が蒸発してでていくと飽和溶液になり，溶けていた食塩の粒子が集まってもとの固体になり目に見えるようになる（この現象を**析出**という）．

さて，温度を上げると固体の溶解度はどのようになるだろうか．温度が高いときは粒子の動きが活発になり，混じり合っていたほうがよいので，物質の粒子の散らばる量も増え，溶解度は増大する．逆に温度が低くなると分子の動きが少しずつ鈍くなり，物質の粒子の散らばる量も減り，溶解度は減少する．食塩では，溶ける量の温度による変化はそれほど大きくない（100 g の水に，80℃では38 g，10℃では36 g 溶ける）が，温度が変わると溶ける量が大きく変わる物質もある．

たとえば，花火の火薬のなかにも含まれている硝酸カリウム KNO_3 という物質は，80℃では100 g の水に169 g も溶けるが，10℃では同じ100 g の水に22 g しか溶けず，その差は147 g にもなる．高い温度でつくった硝酸カリウムの飽和水溶液を冷やしていくと，溶けきれなくなった硝酸カリウムの粒子が集まって固体になり目に見えるようになる．

銅メッキなどに利用される硫酸銅(II)という物質の結晶は白い色をしている．硫酸銅(II)の結晶を水に溶かすと硫酸銅(II)の粒子（Cu^{2+} と SO_4^{2-}）が溶液全体に散らばって，透きとおった青い色の溶液になる．水に囲まれた Cu^{2+} には青い色がついているので Cu^{2+} が存在することがわかる[*2]．透きとおっているということは，光を反射しないほど小さい粒子がばらばらになって溶けている証拠である．

*2 水を含んだ硫酸銅(II)五水和物の結晶は青い．これは，Cu^{2+} が固体中でも水分子に囲まれていることを示している．

8.3 溶液のおもしろい現象

溶液の濃度の違いによって起こる現象

溶液中では，溶質が電離して生じたイオンと数個の水分子が静電的引力などで強く結びついて一つの分子集団を形成している．この状態を**水和**といい，溶質はこのようにして水のなかで散らばって存在している

8.3 溶液のおもしろい現象

（図8-9参照）．

水和している粒子の大きさは，溶媒の水に比べて大きい．また，タンパク質など，粒子の大きさが水よりもはるかに大きい溶質もある．大きい粒子は通しにくいが，小さい粒子は通しやすい膜を**半透膜**という．たとえば，容器の半透膜で隔てられた二つの部分に濃度の異なる二つの溶液を入れておくと，溶媒分子は，濃度の低い溶液から濃度の高い溶液に向かって移動する．

濃度が高いと溶液中に存在する溶質分子が溶媒分子の移動を妨げるため，濃度の低いほうが溶媒分子は動きやすくなる．その結果，溶媒分子は濃度の高い溶液のほうへ膜を通って移動する．純粋な溶媒（水）と溶液（水＋溶質）を半透膜で隔てたとき，溶媒が半透膜を通って溶液のほうに移動しないように溶液側に加える圧力を溶液の**浸透圧**という（図8-10）．浸透圧は，溶液の濃度に比例する．また温度が高くなると溶媒分子の運動が激しくなるので，浸透圧は絶対温度にも比例する．

さまざまな半透膜があるが，動物や植物の細胞膜も半透膜である．細胞内の溶液と浸透圧が等しい食塩水を一般に生理食塩水と呼ぶ．人間の場合は，質量パーセント濃度で0.9％である．目薬などの点眼薬は，浸透圧を生理食塩水に合わせて，目にしみないようにつくられている．

浸透圧の身近な例としてたくあんなどの漬物を見てみよう．たとえば野菜に直接食塩を振りかけると，周囲の食塩水は野菜の細胞内の塩分よりも濃くなるので，細胞中の水分が細胞膜（半透膜）を通って外にでてくる．そのとき，細胞の成分（細胞質）とそれを包んでいる細胞膜が細

> **リンク**
> 半透膜の簡単なしくみは第1章で学んだ．

> **リンク**
> 質量パーセント濃度については次項で習う．

漬物（たくあん）は浸透圧の原理によりできる

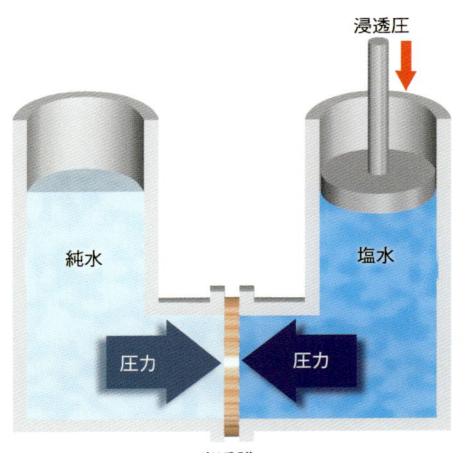

図8-10 浸透圧の原理

純水中の水が膜にぶつかり通ろうとする圧力＝塩水中の水が膜にぶつかり通ろうとする圧力＋加えた浸透圧

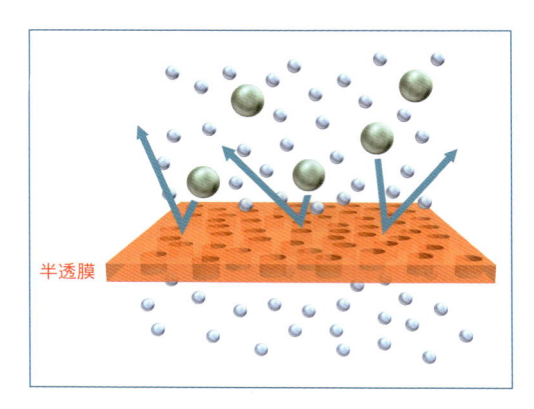

図 8-11　半透膜の原理

胞壁から離れていき，細胞壁との間にすきまができる．このすきまに塩分などがしみ込んで，漬物ができあがる．

そのほかに半透膜の原理（図 8-11）はいろいろなものに利用されている．半透膜で仕切られた容器の一方に水を，もう一方に海水を入れたとき，水が半透膜を通って海水側に吸い込まれていく．逆に，海水側に浸透圧より大きい圧力を加えると，海水側から半透膜を通して水だけが押しだされることになる．この現象を「**逆浸透**」と呼び，この原理を使って海水の淡水化（飲み水などにする）を行うことができる．

液体が丸くなるわけ

液体にはその表面積をできるだけ小さくしようとする性質がある．これを**表面張力**という．

液体では，液体の分子間に作用する引力（分子間力）により，分子どうしが互いに引き合っている．液体内部の分子はそのまわりのすべての方向から分子間力で引かれているが，液体の表面上にある分子はその外側方向には分子がないので，内側や横方向の分子からの引力の影響を受けて内側に引っ張られる．その結果，表面にある分子数はなるべく少なくなるように，液体は表面積がもっとも小さい球状になろうとする．水滴が丸くなるのは，この原理によるものである（図 8-12）．

水は表面張力の大きい液体の一つである．また水銀の表面張力はとくに大きい．表面張力の大きい物質は，分子間の引力が大きいと思ってよい．水の場合は水素結合，水銀の場合は金属結合である．温度が上がれば，分子の運動が活発になるので表面張力は小さくなる．

> **one point**
> **水銀の表面張力**
> 水銀や水をガラス面にたらすと，こんもりと丸くなるのはこの表面張力のためである．水銀は金属結合で原子どうしが結びついており，とくに表面張力の大きい液体である．

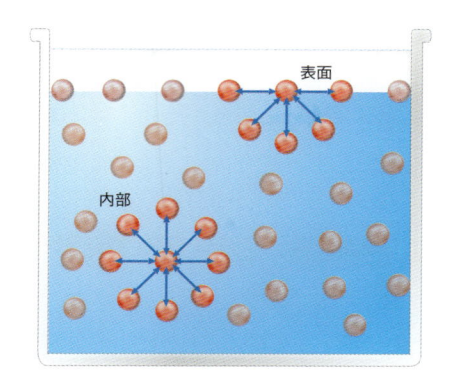

図 8-12　分子間力と表面張力のしくみ

　表面張力は，不純物によっても影響を受ける．石けんや洗剤など界面活性剤と呼ばれる表面に集まりやすい物質を加えることによって，水の表面張力は極端に小さくなる．水に洗剤の液を加えると，洗剤の分子が表面に集中して並ぶので，その分だけ表面にある水分子は少なくてよく，表面積を小さくする必要がない．つまり，表面張力が小さくなる．こうして，洗剤を入れた液では，空気によって泡ができやすくなり，シャボン玉ができる．

　油は液体なのに水に溶けない．これは，油の分子どうし，水の分子どうしの分子間力が，油と水の分子間力より大きいからである．水と油をよく振り混ぜても，静置すると境界面（界面という）は水平な平面となる．洗剤などの界面活性剤を入れると，界面を小さくする必要がないので水のなかで小さい油滴となる．これが汚れを落とす役割をする．また，牛乳は水のなかに油が細かい粒となって混ざり合ったものである．

シャボン玉は界面活性剤のはたらきによりできる

溶液中の濃度について

　溶液中での溶質の濃さ（**濃度**という）のことが前項にでてきたが，濃度とは，混合物において，ある成分が全体に占める比率を表す．これはどのような混合物にも適用できるが，もっともよく使われるのが溶液である．

　先ほどの例で，砂糖（溶質）を水（溶媒）に溶かして砂糖水（溶液）ができる場合を考えてみよう．まず濃度とは，「一定の溶液（砂糖水）に含まれている溶質（砂糖）の量」であるから，濃度を求める場合は溶液と溶質の量を知る必要がある．化学でよく使われる濃度表示には，**モル濃度**と**質量パーセント濃度**がある．さらに環境を議論するときなどに

リンク
モルの意味については第7章で詳しく学んだ．

第8章　身近な現象から気体と溶液の性質を学ぶ

> **one point**
> **モル濃度表示は便利**
> 化学反応の反応量を扱うときは，溶液中の質量で表すより物質量モル（mol）で表したほうが便利である．

よくでてくる ppm という単位についても説明しておく．

モル濃度　化学の分野ではこの濃度表示がよく使われる．「溶液 1 L 中に溶けている溶質の量を物質量（モル，mol）で表した濃度」と定義される．単位は，mol/L である．式で表すと次のようになる．

$$モル濃度(mol/L) = \frac{溶質の物質量(mol)}{溶液の体積(L)}$$

例題 2

（1）グルコース（ブドウ糖，$C_6H_{12}O_6$，分子量＝180）18 g を水に溶かして 200 mL にした．この水溶液のモル濃度は何 mol/L か．

（2）浸透圧はモル濃度に比例する．（1）のグルコース溶液と同じ大きさの浸透圧を示すスクロース（ショ糖，$C_{12}H_{22}O_{11}$，分子量＝342）の溶液を 250 mL つくるには何 g のスクロースが必要か．

解　答

物質量(mol) ＝ 質量(g)/1 mol 当たりの質量(g/mol)

モル濃度(mol/L) ＝ 溶質の物質量(mol)/溶液の体積(L)

グルコース 18 g の物質量は 18/180 ＝ 0.10（mol）であり，200 mL ＝ 0.20 L であるから，このグルコース水溶液のモル濃度は

　　0.10/0.20 ＝ 0.50（mol/L）

このグルコース溶液と同じモル濃度のスクロース溶液は等しい浸透圧を示す．したがって，スクロース水溶液 250 mL ＝ 0.25 L 中のスクロースの物質量は

　　0.50 × 0.25 ＝ 0.125（mol）

質量は，

　　0.125 × 342 ＝ 42.75 ≒ 43（g）

グルコースのモル濃度は 0.50 mol/L，必要なスクロースは 43 g である．

質量パーセント濃度　溶液中に含まれている溶質の質量の割合をパーセント（百分率）で表した濃度で，溶液 100 g 中に含まれる溶質の質量（g）を表す．もっともなじみ深い濃度表示である．先ほどの生理食塩水 0.9 % とは，食塩水 100 g に対して食塩が 0.9 g 含まれていることを意味している．式で表すと次のようになる．

商品の濃度表示の例

> **質量パーセント濃度**
>
> 溶液100 g 当たりに含まれる溶質の質量の割合を百分率として表した濃度
>
> $$質量パーセント濃度(\%) = \frac{溶質の質量(g)}{溶液の質量(g)} \times 100$$
> $$= \frac{溶質の質量(g)}{溶媒の質量(g) + 溶質の質量(g)} \times 100$$

例題 3

水100 g に砂糖25 g を溶かしたときの質量パーセント濃度はいくらになるか．

解答

この場合は，水が溶媒で，砂糖が溶質で，溶液は（溶媒＋溶質）であるから，$25/(100 + 25) \times 100 = 20\%$ となる．

ppm と ppb 川の水質検査などでよく登場する濃度表示で，たとえば飲料水に溶けている物質の濃度を表すときなど，きわめて希薄な溶液に対して用いられる．質量パーセント濃度（％）は，全体を100としたときの割合であるから，非常にうすい溶液に対しては，たとえば0.0000○％のような表示になって不便である．このようなときに，100万分率 **ppm**（parts per million という意味）を使うと便利である．ppm とは，100万当たりにつきどれくらいかを示す濃度表示である．たとえば，環境測定でよくでてくる溶質 1 ppm の濃度とはどれくらいをさすのだろうか．

川の水質検査によくでてくる ppm

$$1 \text{ ppm} = 溶質 1 \text{ g}/水溶液 1000000 \text{ g} = 1000 \text{ mg}/1000000 \text{ g}$$
$$= 1 \text{ mg}/1000 \text{ g} = 1 \text{ mg}/1 \text{ kg}$$

となる．すなわち，濃度 1 ppm とは，水溶液 1 kg 当たりに溶質が 1 mg 入っていることを示している．

この ppm よりももっと微量な濃度のときは，その1000分の1の10億分率 **ppb**（parts per billion という意味）という単位を使う．

身近な例で示すと，1 ppm というのは，100万円のうちの 1 円，または人口100万人の都市の市長 1 人のことである．1 ppb は10億円のうち

one point

1 ppm は何％？

1 ppm ＝ 0.0001 ％
10000 ppm ＝ 1 ％
1 ppm ＝ 1000 PPb

の1円，または人口10億人の国の元首1人に相当する．量でいえばほとんど誤差といっていいくらいのわずかな濃度であるが，環境に悪影響を及ぼす物質などではそのレベルの量を真剣に議論する必要がある．

COLUMN　化学の原理を利用した身近な食品加工技術

水分を含む物質を凍結させた状態で圧力を低くしていくと，その物質に含まれる水分が，液体にならずに固体から気体へと変化（昇華）する．この現象を利用して，凍結状態の物質から真空に近い低い圧力のもとで水分を取り除く方法を凍結乾燥という．この原理は，フリーズドライ製法として食品加工の技術に利用されている．フリーズドライ製法による食品は，インスタントスープ，インスタントコーヒー，野菜など身近なところで広く利用されている．

章末問題

[1] 空のペットボトルに高い山で空気を入れて，キャップでしっかりフタをした．山からおりてきたときペットボトルはどうなっているか，説明せよ．

[2] へこんだピンポン球をもとにもどすにはどうしたらよいか，方法を示せ．

[3] ボイルの法則とシャルルの法則から，ボイル・シャルルの法則を数学的に導きだせ．

[4] 潜水（ダイビング）の際の減圧症をヘンリーの法則を使って説明せよ．また，減圧症を防ぐにはどうしたらよいか．

[5] 硝酸カリウムの結晶に少量の塩化ナトリウムの結晶が混ざっている試料から，硝酸カリウムだけをとる（精製する）実験方法を答えよ．

[6] 水道水で目を洗うとき，目がしみて痛くなるのはなぜか，説明せよ．

[7] 水に石けんや洗剤を加えた液をストローにつけてふくとシャボン玉ができる．この理由を説明せよ．

[8] アメンボが水表面に浮いていられるのはなぜか，説明せよ．また，アメンボは石けん水に浮いていられるか．

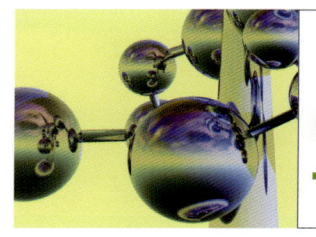

第9章 化学反応によって新たな物質が生まれる

　紙や木が燃えることは誰でも知っているが，そこでは何が起こっているのだろうか？　紙や木に含まれている炭素が，空気中の酸素と急激に結合して（化学反応を起こして），二酸化炭素や一酸化炭素という新たな物質が生まれる．この章では化学反応とは何かを，化学反応を式で表す方法を含めて学ぶことにする．

9.1　化学反応とはどのような変化か

身の回りの化学反応

　たとえば，朝起きてからいままでにしたことを振り返ると，どんな変化が身の回りで起こっていたのだろうか．

　朝起きて，深呼吸してからベッドを抜けだし，洗面台で湯を使って顔を洗い，コーヒーを入れてパンを焼く．朝食を終えてから服を着替えて，外にでると寒い日だったので息が白く見える．化学カイロを使ってポケットのなかで手を温め，携帯電話を使いながら駅から電車に乗って学校へ向かう……．

　このような毎日繰り返される変化を大きく分けると物質が変化する（原子の組み換えが起きている）**化学反応**（または単に**反応**ともいう）と，物質の状態のみが変化している**物理変化**に分けられる．このなかから化学で扱う化学反応を取りだしてみよう．

　最初に深呼吸だが，呼吸によって肺に取り込まれた**酸素**は，血液中の赤血球にあるヘモグロビン（図2-8参照）という物質と結びついて体中に酸素を運んでいく．このとき次のような反応が起こっている．

- ヘモグロビン　＋　酸素　⟶　ヘモグロビンが酸素と結合
  （静脈を流れる青っぽい血の色素）　　　（動脈を流れる赤い血の色素）

湯を沸かすときガスを使うと，ガスが燃えて熱をだす．

- ガス（おもに炭素と水素を含む）＋　酸素　⟶　二酸化炭素　＋　水　＋　熱

パンを焼いたときは，こげた部分ではパンのなかの水分が逃げて炭素

> **one point**
> **水の状態変化はどっち？**
> 水が湯に変わったり，吐いた息に含まれる水蒸気が冷えて白くなったりする変化は，物理変化といわれる．この場合は，水が状態変化をしているだけで，原子の組み換えは起きていない．

第9章　化学反応によって新たな物質が生まれる

図 9-1 人間の生命活動も化学反応に基づいている

が残る．

- パン（おもに炭素，水素，酸素を含む） ⟶ 炭素（黒くこげた場所）＋ 水

私たちの身の回りでは常にこのような化学反応が起きている．また，化学カイロや携帯電話の電池も化学反応ではたらくものである．身の回りの物質の変化を考えると，化学反応の占める割合が非常に大きいことに気づくだろう．そもそも私たちが生きるための呼吸，消化，運動といった生命活動自体が化学反応によるものである（図 9-1）．

物質をつくりだすのも化学反応

古代と現代の日本人の生活では，何が違うのだろうか？　もっとも異なる点は身の回りの物質の種類であろう．道具一つとっても土器，木，天然繊維，数種類の金属などの素材しかなかったころに比べれば，私たちの生活のなかにはプラスチックをはじめとして，数百種類以上の素材からできたさまざまな道具があふれかえっている．これらのほとんどは化学反応を利用して人工的につくりだされたものである．土や石を分析して有用な金属を取りだす方法を考え，自然にある素材をまねて，石油からプラスチックや合成繊維をつくりだした．こうしてより多くの素材が生みだされた（図 9-2）．多様な物質が選べるということは人生や生活の選択肢が広がるということであり，これこそ物質文明の最大の恩恵であろう．

もっとも，物質にあふれている生活が，真の意味で豊かな生活とはか

one point
化学反応の役割

化学反応とは，物質を構成する原子どうしの結合の生成，あるいは解離によって新しい物質ができる変化のことである．第6章，第7章で説明した電子のやりとりで結合が生成したり解離したりする．このような化学反応を利用して，身の回りの数多くの物質（プラスチックなど）が人間の手によってつくられてきた．化学の醍醐味の一つは，この化学反応を使って新しい物質をつくることである．

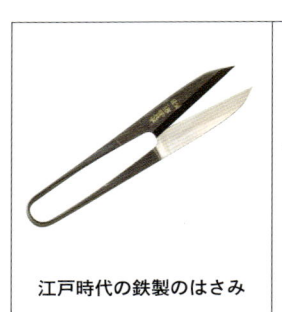

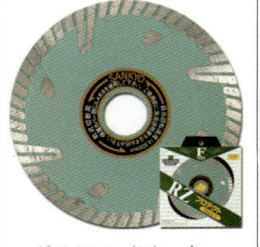

| 江戸時代の鉄製のはさみ | セラミック製のはさみ | ダイヤモンドカッター（コンクリートも切れる） |

図 9-2 いまならどの素材でも選べる

> **リンク**
> プラスチックなどの身の回りの物質については第2章で詳しく述べた．

ぎらない．人間の手で新しくつくられた多くの物質からはさまざまな廃棄物が発生しており，今日ではこの問題は避けて通ることができない．このような，化学反応で生みだされた物質の問題は，化学反応によって解決するしかないのである．化学反応を知ることは，物質の性質やその扱いかたを知ることの第一歩にほかならない．

9.2 化学反応式を使って化学反応を表す

化学反応のすじ道を論理的に表す手段

化学反応式というと，難しい物質の名前がたくさんでてきて，なんとなく無味乾燥で暗記するものというイメージが強いかもしれない．

そこで，20世紀前半の禁酒法下のアメリカで，マジシャンのフーディニ（20世紀最高の奇術師）という人が使った手品の種明かしをしながら，化学反応式の意味について考えてみよう（図9-3）．

いまどきこの程度のマジックでは誰も驚かないであろうが，色の変わる理由をきちんと説明するとなると，一筋縄ではいかない．あくまでも推測であるが，以下のようなものであろう[*1]．

三つのびんには，① タンニン酸（没食子酸，$C_7H_6O_5$）を含む水溶液，② 鉄（II）イオン（Fe^{2+}）を含む水溶液，③ シュウ酸（$H_2C_2O_4$）を含む水溶液が入っている．手品のなかで起こった現象を化学反応式を使って説明してみよう．

- 無色の水溶液がウイスキー色の液に変わるときは，

[*1] おもな反応はこのとおりだが，実際はもっと巧妙で，いろいろな工夫がなされていた．

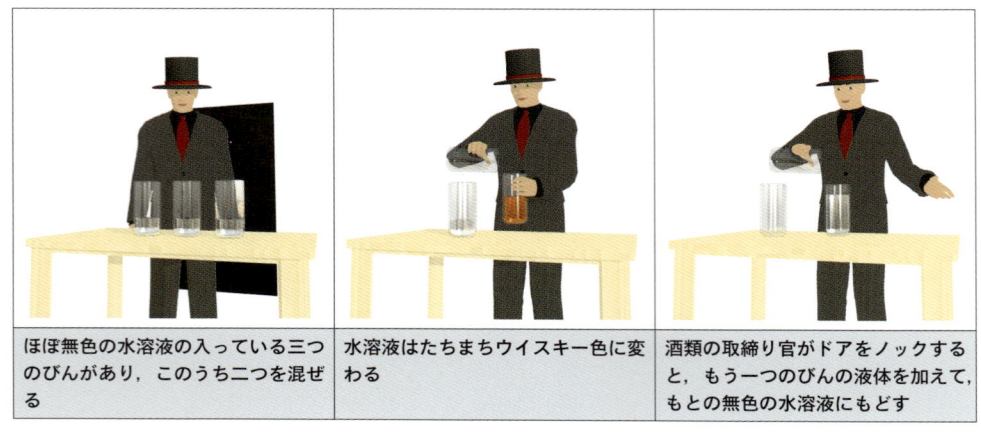

第 9 章　化学反応によって新たな物質が生まれる

図 9-3　奇術師フーディニの手品

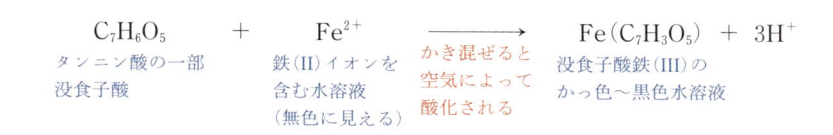

ほぼ無色の水溶液の入っている三つのびんがあり，このうち二つを混ぜる

水溶液はたちまちウイスキー色に変わる

酒類の取締り官がドアをノックすると，もう一つのびんの液体を加えて，もとの無色の水溶液にもどす

$$C_7H_6O_5 + Fe^{2+} \longrightarrow Fe(C_7H_3O_5) + 3H^+$$

タンニン酸の一部　没食子酸　　　鉄(II)イオンを含む水溶液（無色に見える）　　かき混ぜると空気によって酸化される　　没食子酸鉄(III)のかっ色〜黒色水溶液

- ウイスキー色の液がもとの無色の水溶液にもどるときの反応は，

$$2Fe(C_7H_3O_5) + 3H_2C_2O_4 \longrightarrow 2Fe(C_2O_4) + 2C_7H_6O_5 + 2CO_2$$

無色のシュウ酸　　没食子酸鉄(III)の鉄(III)イオンが鉄(II)イオンに還元される　　水溶液は無色に見える

one point
昔の生活の知恵

昔は，黒インクで汚れたシャツはホウレン草の煮汁で洗って色を取ったそうだが，昔の黒インクの色素はタンニン酸鉄，ホウレン草にはシュウ酸が含まれている．

見た目には不思議な現象も，順序立ててはっきりと説明することができる．

このように**化学反応式**とは，物質の化学反応に関するすじ道を，論理的かつ簡潔に表す共通の手段である．書き方や使い方にはいろいろなルールがあるが，少々複雑なそれらのルールを述べる前に，まずこれがいかに有効かつ便利なものかを理解してほしい．

9.3　化学反応式は非常に簡潔

化学反応式はすぐれもの

9.1 節ででてきた化学反応を化学反応式で表し，その特徴を説明してみよう．たとえば燃料用ガスの成分であるプロパン（C_3H_8）が燃えるときは，次のように表せる．

$$C_3H_8 + 5O_2 \longrightarrow 4H_2O + 3CO_2$$

これを文章で表すと、「炭素原子（C）3個と水素原子（H）8個からなるプロパン1分子を燃やすと、二つの酸素原子（O）が結びついてできた酸素分子5個と反応して、炭素原子1個に酸素原子2個が結合した二酸化炭素3分子と、水素原子2個と酸素原子1個からなる水が4分子できる」という長ったらしい文章になる。これをわずか1行で表せるのだから、化学反応式はいかに表現力に富んだものかがわかるだろう。しかも万国共通なので世界中の誰が見ても理解できる。

──→の左側「左辺」には反応する物質（**反応物**という）の化学式を書き、右側の「右辺」には反応の結果できた物質（**生成物**という）の化学式を書く。この矢印は化学反応の向きを示している。つまり、時間は左辺から右辺に流れているものとする。したがって、左辺を「反応前」、右辺を「反応後」と考えてもよい。次に化学式の前についている係数について考えてみよう。

化学反応式のなりたち

この化学式の前についている数字を「係数」という。それを説明する前に元素記号についている小さな数字の意味について復習しておこう。たとえば、プロパンC_3H_8の小さな3と8だが、これは数字の直前に書いてある元素が、いくつ結びついているかを示している。プロパンの場合はC3個とH8個が結びついているという意味なので、炭素原子（C）を●、水素原子（H）を○で表すと、右図のような分子であることがわかる。

同様に、この化学反応式にでてくる分子は、酸素原子（O）を●で表すとそれぞれ右のようになる。

これらを使って、「プロパンと酸素が反応すると、水と二酸化炭素ができる」という反応をモデルで表すと、次のようになる。

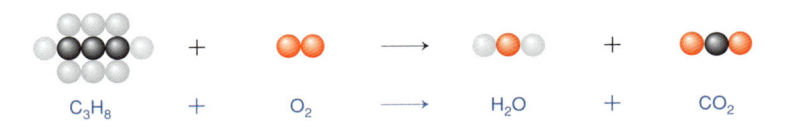

C_3H_8 + O_2 ⟶ H_2O + CO_2

一見これでいいような気もするが、どこかバランスが取れていない。左辺と右辺では原子の種類と数が合っていないからだ。第6章でも述べたように、原子は新しく生まれたり消えたりしないので、この種類と数

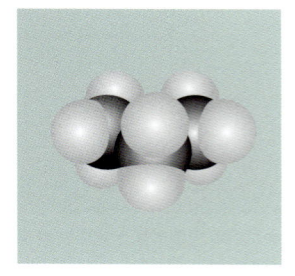

第9章　化学反応によって新たな物質が生まれる

は両辺で等しくなければならない．

　そこでまず水素原子○の数から合わせてみよう．○は左辺に8個，右辺に2個あるので，右辺の○を8個に合わせるために，あと3分子の水を加えなければならない．

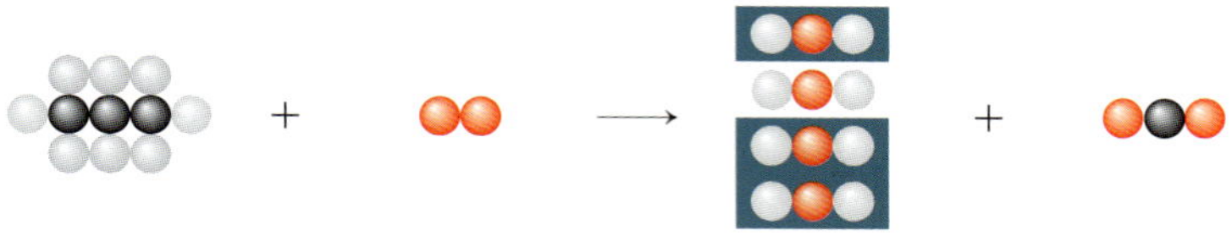

プロパンの分子模型

C_3H_8 ＋ O_2 ⟶ $4H_2O$ ＋ CO_2

　水素原子○は数が合ったので，次に炭素原子●の数を合わせてみよう．そのためには右辺の●を3個にするため，あと2分子の●○○が必要である．

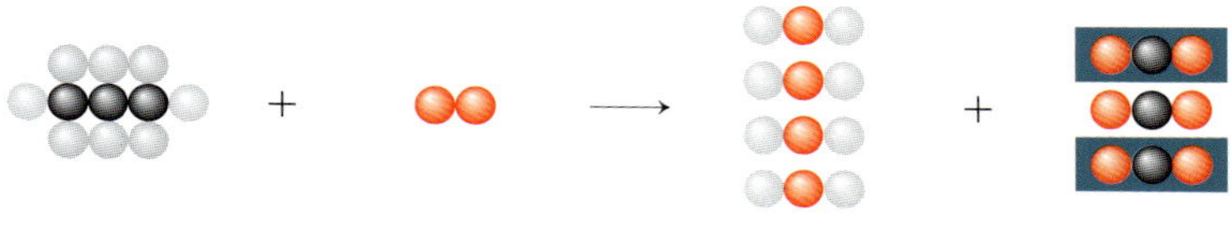

C_3H_8 ＋ O_2 ⟶ $4H_2O$ ＋ $3CO_2$

　炭素原子●と水素原子○の数は合ったので，最後に酸素原子○の数を合わせる．右辺には合計して○が10個あり，左辺には2個しかないので，左辺にあと4分子の酸素分子○○を加えてみる．

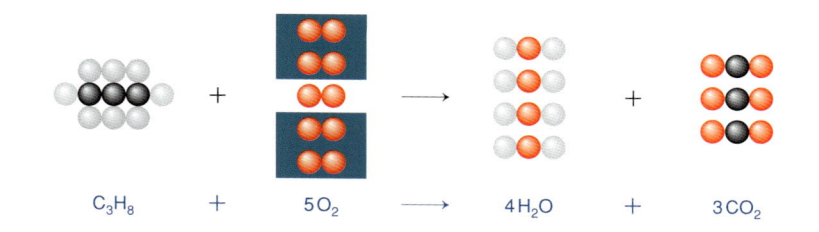

C_3H_8 ＋ $5O_2$ ⟶ $4H_2O$ ＋ $3CO_2$

　ようやく両辺の原子の種類と数が一致した．つまり，化学式の前についている係数は，その物質が何個あるかを示していることがわかる．このように係数は，両辺で原子の数と種類が一致するようにつける．

one point
係数1は省略
プロパンの前には数字がついていないが，1の場合には係数を省略してつけない．これは分子の組成を表す小さな数字も同様である．

例題 1
次の化学反応式の（ ）には係数を，□には化学式を入れて両辺

112

の原子の種類と数を合わせて式を完成させよ．

(1)　$2KClO_3 \longrightarrow 2KCl + (ア) O_2$

(2)　$2C_4H_{10} + (イ) O_2 \longrightarrow 8CO_2 + 10H_2O$

(3)　$2CuO + C \longrightarrow 2Cu + \boxed{ウ}$

解答

(1)　両辺でKとClの数は合っているので，Oの数を合わせる．左辺には6個のOがあるので，アには3を入れると，右辺のOも6個になって数が合う．これはマッチが燃えるときに起こる反応である．

(2)　右辺のOの数は$8CO_2$に16個，$10H_2O$に10個含まれているので，合計26個．左辺のOを26個にするにはイに13を入れると数が合う．これは卓上コンロのブタンガスが燃えるときに起こる反応である．

(3)　左辺のO 2個とC 1個がウに入るので，これらを組み合わせてCO_2ができる．これは銅を含む鉱石から銅を取りだすときの反応である．

マッチが燃えるときの反応は？

9.4　化学反応式は情報の宝庫

化学反応式は物質の変化を論理的に示すだけのものではない．化学反応が起きる際の量的な情報も示すことができる．前節で係数について詳しく述べたが，実はこの係数や化学式から得られる情報を使うと，どんな物質が何g反応するか，という量的な関係も理解することができる．

係数と物質量は比例する

水素が酸素と反応すると水ができる．これを化学反応式で示すと以下のようになる．

$$2H_2 + O_2 \longrightarrow 2H_2O$$

このとき水素の質量をはかるには，どうすればよいだろうか？　水素分子は非常に軽いので，てんびんではかることは不可能である．ではいったい何個集めればてんびんではかれる単位になるだろうか？　そこで第7章で述べた物質量（mol）の再登場である．

リンク
反応する物質の量的関係を正しく理解するには，第7章で述べた物質量（mol）の理解が非常に大切である．

第9章 化学反応によって新たな物質が生まれる

簡単に復習すると，原子のように小さな粒子は6.0×10^{23}個集めて質量をはかると便利であり，この数がまとまったひとかたまりを1 molという単位で考えることにしていた．この物質量と化学反応式を結びつけると，量的な情報を得ることができる．順を追って説明しよう．

まず，水素と酸素の原子をモデルにしてこの反応を表すと次のようになる．

$$2H_2 + O_2 \longrightarrow 2H_2O$$

これは，水素分子2個と酸素分子1個が反応して，水分子2個ができることを意味している．ではこの分子の数を増やしていったらどうなるだろうか？（図9-4）

水素分子	酸素分子	水分子
2個	1個	2個
20個	10個	20個
1000個	500個	1000個
2.0×10^4個	1.0×10^4個	2.0×10^4個
（= 20000）	（= 10000）	（= 20000）
⋮	⋮	⋮
12.0×10^{23}個	6.0×10^{23}個	12.0×10^{23}個

図9-4　分子の個数を増やしても量的関係はくずれない

個数を増やしても，数字どうしの比例関係はくずれない．必ず2：1：2の関係になっている．

ここで物質量を使ってひとまとめにしてみよう．6.0×10^{23}個をひとまとめにして1 molと数えると，6.0×10^{23}個は1 mol，12.0×10^{23}個は2 molである．このことから，反応式にmolを加えてみると

$$2H_2 + O_2 \longrightarrow 2H_2O$$
　　（2 mol）（1 mol）　　（2 mol）

となる．つまり反応する量を物質量（mol）で表すと，反応式の係数と比例していることがわかる．

リンク

この6.0×10^{23}はアボガドロ数と呼ばれるもので，第7章で詳しく説明した．すべての分子はこの膨大な数で構成されている．

身近な単位の質量に直して考える

それでは，物質量と質量の関係はどうであったか？ これも第7章で述べたように，原子量を利用すると分子1 molの質量を求めることができる．すなわち，周期表よりHの原子量は1.0，Oは16となり，たし合わせると，それぞれの分子量は右のようになる．

これに単位のgをつけると1 molの質量になる．さらに

　　物質量 × 分子量 ＝ 質量

という関係を使ってmolをgに変えてみよう．

$$2H_2 \quad + \quad O_2 \quad \longrightarrow \quad 2H_2O$$
　　2 mol　　　　1 mol　　　　　2 mol
　＝ 2 × 2.0　　＝ 1 × 32　　　＝ 2 × 18
　＝ 4.0 g　　　＝ 32 g　　　　＝ 36 g

別々に計算して求めたのに，両辺の物質の合計は36 gとなり，一致する．このように反応する物質の間では，反応式の係数の比と物質量の比が等しくなるので，これを利用するとすべての反応式についての量的な関係を理解することができる．

> **リンク**
>
> 元素の原子量については第5章で詳しく説明した．
>
> | | | 分子量 |
> |---|---|---|
> | H_2 | 1.0×2 | $= 2.0$ |
> | O_2 | 16×2 | $= 32$ |
> | H_2O | $1.0 \times 2 + 16$ | $= 18$ |

例題 2

メタン CH_4 16 gを酸素と反応させ，すべて二酸化炭素と水に変えるには最低何gの酸素が必要か．また，その際に生成する物質はそれぞれ何gか．化学反応式を書いて計算せよ．ただし原子量はCが12，Hが1.0，Oが16とする．

解答

最初に化学反応式をつくる．まず「メタンが酸素と反応して，水と二酸化炭素が生成する」という反応式を化学式だけで書く．

$$CH_4 + O_2 \longrightarrow CO_2 + H_2O$$

左右の原子数を合わせるように係数を入れて式を完成させる．

$$CH_4 + 2O_2 \longrightarrow CO_2 + 2H_2O$$

それぞれの物質の下に，分子量を計算した値を（ ）で記入する．

$$CH_4 + 2O_2 \longrightarrow CO_2 + 2H_2O$$
　1 mol　2 mol　　　1 mol　　2 mol
　(16)　2×(32)　　　(44)　　2×(18)

メタン16 gは1 molであることがわかるので，メタン1 molと反応

第9章　化学反応によって新たな物質が生まれる

> する物質量を係数の比から求め，記入する．
>
> これより，反応するちょうどぴったりの酸素 2 mol は 64 g であることが求められる．また，生成する二酸化炭素 1 mol は 44 g，水 2 mol は 36 g となる．
>
> 最初のメタン 16 g を入れると，左辺の反応物の合計は 16 g + 64 g = 80 g となり，右辺では同じく 44 g + 36 g = 80 g となり，質量の合計が一致する．

エネルギーの出入りも化学反応式で表せる

化学反応が起きる際には必ず熱の出入りがある．たとえば，アルコールランプのメタノール CH_3OH は 1 mol が燃えるときには，744 kJ（キロジュール）の熱量が発生するが，これは次のように表せる．

$$CH_3OH + \frac{3}{2}O_2 \longrightarrow CO_2 + 2H_2O \quad \Delta H = -744 \text{ kJ}$$

エネルギーがマイナスになっているのは，熱がこの系からでていくことを示す．このように熱をだす反応を**発熱反応**と呼ぶ（用語解説を参照）．

人間が活動するためのエネルギーも，化学反応によって発生するエネルギーを使っている．たとえば砂糖（ショ糖 $C_{12}H_{22}O_{11}$）1 mol をエネルギーに変える場合は次式のようになる．

$$C_{12}H_{22}O_{11} + 12O_2 \longrightarrow 12CO_2 + 11H_2O \quad \Delta H = -5638 \text{ kJ}$$

この反応式は，ショ糖 1 mol から 5638 kJ の熱量が発生することを意味している．エネルギーの単位として kJ で表したが，これを旧来の単位である cal（カロリー）[*2] で表すと 1347 kcal となる．さらにショ糖の分子量 342 を使って換算すると，1 g について発生できる熱量が求められ，

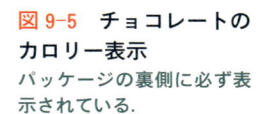

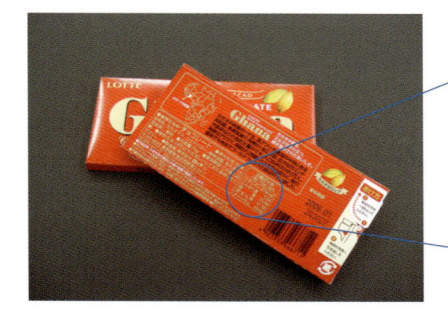

用語解説

発熱反応と吸熱反応

H は**エンタルピー**といい，質量などと同様に物質の状態量である．発熱反応では物質のもつエネルギー量が低下するので，マイナスの値になる．下のような吸熱反応では逆にプラスの値になる．

$C + H_2O \longrightarrow CO + H_2$
$\Delta H = +131 \text{ kJ}$

以前の高校の教科書では

$C + H_2O$
$= CO + H_2 - 131 \text{ kJ}$

のように熱化学方程式として示していた．エンタルピーを用いる表し方とは符号が逆になるので注意したい．

[*2] 第2章でもふれたが，現在は栄養学など限られた分野でしか使われていない熱量の単位．1 cal = 4.18 J である．

図 9-5　チョコレートのカロリー表示
パッケージの裏側に必ず表示されている．

3.9 kcal/g となる．この数値は，食品がもつエネルギーの表示に使われている．バナナ1本のもつエネルギーはおよそ86 kcal で，ポテトチップス1袋のおよそ1/6にあたる，などの表示は，ここで説明した化学反応式をもとにして計算されているのである（図9-5）．これも化学的概念が日常で役に立っている例である．

エネルギー問題を正しく理解する基礎

化学反応を使ったエネルギーの発生は，これまで述べたように化学反応式を使って表すことが可能である．さらに物質量の観点からいろいろなエネルギーをその物質1g当たりの数値で示すと表9-1のようになる．

表9-1 物質1g当たりのエネルギーの比較

物　質	分子量（式量）	1 mol で発生できる熱量 kJ/mol	1 g で発生できる熱量 kJ/g
水素	2	284	142
炭素（黒鉛）	12	394	32.8
メタノール	32	744	23.3
エタノール	46	1365	29.7
ショ糖	342	5638	16.5
デンプン	—	—	17.5*
メタン	16	888	55.5
プロパン	44	2215	50.3
ガソリン灯油	—	—	約46
木炭	—	—	約8

* デンプンは一定の分子式がないため1g当たりで表示した．ガソリン，灯油，木炭は混合物であり製品の差が大きいので概数で示した．

エネルギーは人間が生活をするために欠かせないものだが，エネルギー問題を考えるときに，この物質量を使った視点が重要である．たとえば水素は1 mol で発生できる熱量はそれほど大きくないが，1 g に換算するとほかの物質より1桁大きい数値となる．ロケットの推進などに使われ，究極のエネルギーといわれるゆえんである（図9-6）．また，なぜ人は木炭で炊事することをやめ，化石燃料に頼る生活を始めたのか，などさまざまなことがわかる．

さらに近年は物質の燃焼に伴う二酸化炭素排出量も問題になってきている．これも化学反応式を理解したうえで議論すれば，よりよい結論に近づくことができるであろう．

図9-6 日本の H2A ロケットは水素（H_2）を燃料としている

第9章 化学反応によって新たな物質が生まれる

COLUMN　意外なところに使われているタンニン

　江戸時代までの女性は，結婚すると歯を黒く染めた．これを御歯黒（鉄漿とも書く）という．これは，お茶に麹や葉にできた虫のコブなどを加え，さらに鉄釘を入れてできた黒い液体で歯に黒いコーティングをほどこしたものである．この主成分がタンニン酸鉄で，御歯黒のほかにも鉄のさび止めとしても使われた．明治になってこの習慣が野蛮であるとされ一時はすたれたが，御歯黒をやめたとたんに女性の虫歯が増えた．その後また復活し，19世紀末までは御歯黒をつけた人が見られた．

　ちなみに，このタンニン酸鉄は現在も染毛剤などに使用されている．

章末問題

1 次に示す現象は化学反応か，あるいは物理変化か．化学反応の場合はどんな物質ができるかも答えよ．
  ① 化学カイロの封を切って，もんでいたら温かくなった．
  ② 氷の上でスケート靴をはくと，勢いよくすべることができた．
  ③ しぼんだ風船を暖めたら，もとの大きさにもどった．

2 次の文章で示した化学反応を，化学反応式で表せ．
  ① 卵の殻（主成分は $CaCO_3$）に酢（CH_3COOH）を加えると，溶けて二酸化炭素と水と酢酸カルシウム $Ca(CH_3COO)_2$ ができる．
  ② アウトドア用品で，すぐに温かいおでんが食べられる缶がある．この缶の底には生石灰（CaO）と水のパックが入っている．パックに針で穴を開けると，激しい熱とともに生石灰は水酸化カルシウム〔$Ca(OH)_2$〕に変化した．

3 化石燃料の不足から，近年ガソリンにバイオエタノール（植物由来のエタノール）を混ぜた燃料が使われている．この燃料の問題点を表9-1の数値を参考に答えよ．

4 溶接に使うアセチレン（C_2H_2）と，ガソリンに含まれるオクタン（C_8H_{18}）1 mol を完全燃焼させると，発生する熱量はそれぞれ1298 kJ，5500 kJ である．それぞれを1 g ずつ燃やした場合，どちらの熱量が大きいか．また発生する二酸化炭素の質量はどちらが多いか．ただし，原子量は C：12，H：1.0，O：16とする．

第10章 身の回りの酸と塩基を考える

　私たちがふだん食べている果物にはすっぱいものが多い．これは酸が含まれているからである．一方，無機物質の石灰や灰，重曹（じゅうそう）などには酸のはたらきを打ち消す効果があり，塩基と呼ばれている．このように日常生活でよく見かける物質には酸や塩基の性質をもつものが多い．ここでは，酸，塩基の性質とその定義，さらには酸と塩基が互いに反応する中和反応について考えてみよう．

> **用語解説**
> **重曹**
> 人体に無害な物質で，ふくらし粉などの食品や胃薬などの医薬品として用いられている．

10.1　酸と塩基の一般的な性質

身近にある酸と塩基

　食酢やレモンを口にするとすっぱく感じ，思わず口をつぼめてしまう（図10-1）．これは生物のなかでできる酸である酢酸（食酢に含まれる）やクエン酸（食品添加物として使用されている）などが含まれているからである．

　金属の亜鉛（Zn）や鉄（Fe）にこれらの食酢やレモンをたらすと，金属の表面が一部反応して溶ける．また，青色リトマス紙をそれらにつけると赤く変わる．このような性質を示す物質を**酸**といい，酸が示す性

> **用語解説**
> **クエン酸**
> 柑橘類などに含まれる有機物質で，さわやかな酸味をもつ．

> **one point**
> **果物の缶詰にご注意！**
> 果物の缶詰を開け空気とふれると，酸の水溶液に接しているブリキ缶（鉄の表面にスズをメッキしたもの）の表面から金属が溶けだし，過敏な人は体調をこわすことがある．したがって，開けたら内容物は別のガラス容器に移して保存したほうがよい．この反応は空気（酸素）と接触しなければ起こらないので，最近は缶の内面をプラスチックのうすい膜でおおっている．

図 10-1　果物がすっぱいのは酸が含まれるため

第10章　身の回りの酸と塩基を考える

質を**酸性**という．

それに対して，すっぱい果物に重曹（$NaHCO_3$）をつけて食べれば酸味がやわらぐ．また，水酸化ナトリウム（$NaOH$）の水溶液は赤色リトマス紙を青く変え，酸と反応してその酸の性質を打ち消すはたらきがある．このような性質を示す物質を**塩基**といい，塩基が示す性質を**塩基性**という．なお，塩基のうちとくに水に溶けるものを**アルカリ**と呼び，その性質を**アルカリ性**という．このアルカリとは，アラビア語の植物の灰に由来する言葉で，灰汁の苦い味は塩基性によるものである．一般に苦い味がし，その水溶液はぬるぬるした感触をもつ．身近な塩基としては，石けんや虫に刺されたときなどにぬるアンモニア水などがある．これはかゆみ止めの成分にも含まれている．

酸性も塩基性も示さない性質を**中性**といい，純水[*1]や食塩水がその例である．中性の溶液は，上で説明したように酸の性質と塩基の性質が打ち消しあっていると考えればよい．

イオンという名の物質

19世紀になると科学者たちは身の回りの物質の科学的な性質を調べているうちに，水溶液が電気を通す場合とそうでない場合があることに気がついた．水を蒸留して溶けているものをとり除き，純水にするとほとんど電気が通らなくなる．さらに詳しく調べていくうちに，電気を通す水溶液のなかには**イオン**と呼ばれる物質があることがわかった．水に溶けて導電性（電気を通す性質，電気伝導性ともいう）を示す物質を**電解質**といい，電解質を溶かして溶液にすると，電荷をもった陽イオンと陰イオンが生成する．ちなみに，イオンとは，ファラデーが1833年に命名したもので，その語源は「行く，旅する」を意味するギリシャ語に由来している．つまり，ファラデーはイオンを，「電解質溶液に電気を通し電気分解するとき，電極のほうに動くもの」と考えた．

その後，1887年にアレニウスは，電解質溶液の性質を詳しく調べ，水に溶けて水素イオン（H^+）を生じる物質を酸，水酸化物イオン（OH^-）を生じる物質を塩基と定義した．うすい塩酸（HCl）は溶液中でほとんど完全にイオンに分かれて（これを**電離**という），H^+と塩化物イオン（Cl^-）になっている．

$$HCl \longrightarrow H^+ + Cl^-$$

用語解説

リトマス紙

リトマス紙には色の赤いものと青いものとがある〔色の正体は植物（コケの一種）の色素〕．水溶液が酸性かアルカリ性かを調べたいとき，二つの色のリトマス紙をその液体にひたす．すると，リトマス紙の色が変わって，酸性かアルカリ性かを判定できる．

[*1] 水にはいろいろな不純物が含まれているのがふつうで，不純物をかぎりなく取り除いた水を純水という．

リンク

さらに研究を進めて，ファラデーは「電気分解の法則」を発見した．電気分解については第11章で述べる．

ファラデー

イギリスの化学者，物理学者（1791〜1867）．家庭の事情で小学校しか卒業できなかったが，独学で勉学に励んだ．「電気の父」と呼ばれている．

例題 1

うすい塩酸が電離してイオンになる例にならって，希硫酸はどのように電離をするかを書きなさい．

解答

硫酸は H_2SO_4 という化学式をもち，その溶液中には H^+，HSO_4^- と SO_4^{2-} のイオンがある．H_2SO_4 はまず電離によって，

$$H_2SO_4 \longrightarrow H^+ + HSO_4^-$$

となり，生成した HSO_4^- の一部はさらに電離して

$$HSO_4^- \longrightarrow H^+ + SO_4^{2-}$$

の変化を起こす．結局，H_2SO_4 の一部だけが次の式で示される完全な電離を起こす．

$$H_2SO_4 \longrightarrow 2H^+ + SO_4^{2-}$$

---

one point
水素イオンの表記

小さい微粒子の水素イオン（H^+）は水素の原子核，すなわち陽子そのものである．水溶液中では，そのまわりにある多くの水分子と結びついて（この現象を水和と呼ぶ）H_3O^+ になっているが，これを略して H^+ と表すことが多い．ここでもそのように略記する．

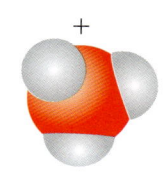

H_3O^+

このように大部分の分子が水溶液中で電離している化合物を強電解質といい，酸の場合には**強酸**，塩基の場合には**強塩基**と呼ぶ．強酸の水溶液には H^+ が多く含まれており，強塩基の水溶液は多くの OH^- を含む．

中性の水のなかにもイオンがまったくないわけではない．次の反応に示すように，2分子の水が一緒になり（会合するという），その一部は電離して二種類のイオン H_3O^+ と OH^- として存在している．ただし，この反応は逆方向にも進む．このとき $\rightleftarrows$ という二重の矢印で表す．

$$H_2O + H_2O \rightleftarrows (H_2O)_2 \rightleftarrows H_3O^+ + OH^-$$

H_3O^+ は H^+ と略するから，この反応は（両辺から H_2O を除くと），

$$H_2O \rightleftarrows H^+ + OH^-$$

となる．この反応は水分子も電離することを表している．

酸や塩基の強さを示すものさし

上で述べたように，純水は電気を通さない中性の液体である．では，純水中の水素イオン濃度（$[H^+]$）を求めてみよう．純水は中性なので H^+ の濃度と OH^- の濃度は等しい．また，H^+ 濃度と OH^- 濃度の積[*2]は，常温（25℃）で 1.00×10^{-14} $(mol/L)^2$ である．式で表すと次のようになる．

---

one point
$\rightleftarrows$ の意味

反応が右向きに進むときを $\longrightarrow$，左向きに進むときを $\longleftarrow$ と表す．$\rightleftarrows$ は右向きにも左向きにも反応が進むことを意味している．このとき，両辺の物質がある割合で存在している．

[*2] この濃度の積を水のイオン積という．

第10章 身の回りの酸と塩基を考える

one point
濃度の単位に注意

ここで注意することは，[H$^+$]，[OH$^-$] はそれぞれ H$^+$ の濃度，OH$^-$ の濃度をモル濃度で表したものである．モル濃度（mol/L，これを簡単に M で表す）については第8章で説明した．

$$[H^+][OH^-] = 1.00 \times 10^{-14} (mol/L)^2$$

この関係式は，中性の水だけでなく，酸性または塩基性のどのような水溶液でも成り立つ．したがって，この関係式は，一方が増えれば他方が減り H$^+$ の濃度と OH$^-$ の濃度は反比例することを示している．水溶液中には両方のイオンが常に存在している．

ところで，純水中の [H$^+$] と [OH$^-$] は等しいので，簡単な計算により H$^+$ 濃度を求めると次のようになる．

$$[H^+] = [OH^-] = 1.00 \times 10^{-7} \,mol/L$$

このように，通常，H$^+$ の濃度をモル濃度で表すと，指数関数のかたちになる．そこで，この表示を使わない工夫をして，1〜2桁の数値（小数になることもある）で表すようにしたものが**水素イオン指数**

用語解説
pH の定義

水溶液の水素イオン濃度〔単位はモル濃度（M）〕の数値の常用対数に負の符号をつけて pH（ピーエイチと読む）と表示する．

$$pH = -\log_{10}[H^+]/M$$

したがって，[H$^+$] = 1.00 × 10^{-n} M のとき，pH = n となる．ちなみに pH は，power of hydrogen ion concentration を略したもので，水素イオン濃度の指数という意味である．

（pH）である．**pH の定義**からわかるように，水素イオン濃度（[H$^+$]）の指数部分（10^{-7} の -7）の値にマイナスをつけたもの（この場合は 7）が，pH になる pH の値と水素イオン濃度 [H$^+$] や水酸化物イオン濃度 [OH$^-$] との関係を描いたものが図 10-2 である．pH の値が小さいほど，**酸性度**が増す．中性の水は [H$^+$] = 1.00 × 10^{-7} M なので，pH = 7 となる．酸性溶液の pH は 7 より小さくなり，逆に塩基性溶液では pH は 7 より大きくなる．この数値から，いろいろな溶液の酸性あるいは塩基性を知ることができる．たとえば，pH = 2.5 のレモンジュースは，pH = 5.0 の水より酸性が強い．私たちの胃酸の pH は 2 程度で強い酸性を示し，また，海水は 8 程度なので弱塩基性となる．

実際に計算で pH を求めてみよう．塩基性溶液，たとえば 1.00 × 10^{-2} M 水酸化ナトリウム水溶液の pH はいくらか．

水酸化ナトリウム（NaOH）は強塩基だから完全に電離している．

$$NaOH \longrightarrow Na^+ + OH^-$$

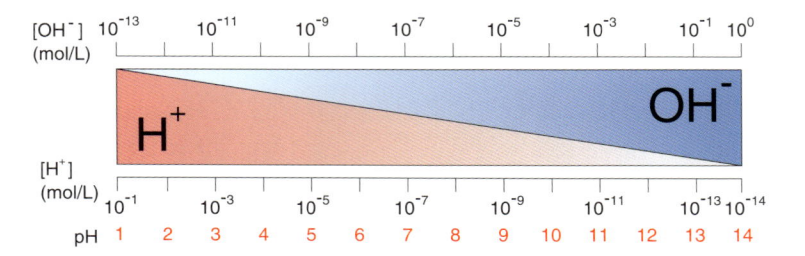

図 10-2 水素イオン濃度，水酸化物イオン濃度，および水素イオン指数の関係

したがって，この水溶液では $[OH^-] = 1.00 \times 10^{-2}$ M となる．これを先ほどの $[H^+][OH^-] = 1.00 \times 10^{-14}$ M^2 の関係式に代入すると，簡単な計算により $[H^+] = 1.00 \times 10^{-12}$ M と求まる．これより pH = 12 となる．

例題 2

pH = 4.0 と pH = 5.0 では水素イオン濃度にどのくらいの差があるかを計算しなさい．

解 答

pH = 4.0 は $[H^+] = 1.00 \times 10^{-4}$ M ということであり，別の表記をすると，$[H^+] = 0.0001$ M となる．同様に pH = 5.0 の場合，$[H^+] = 0.00001$ M となる．つまり，pH = 4.0 の溶液は pH = 5.0 の溶液に比べて水素イオン濃度 $[H^+]$ が10倍になっているので酸性が強いことがわかる．逆に pH の値が 1 大きくなると，水素イオン濃度は10分の1になる．

アレニウス
スウェーデンの物理化学者（1859～1927）．1903年にノーベル化学賞を受賞している．

私たちの身の回りにある物質はどの程度の酸性，塩基性（アルカリ性）を示すのであろうか．図 10-3 にまとめて示した．レモンやオレンジなどのすっぱいものは酸性である．牛乳は中性に近く，また，卵白は弱塩基性である（卵黄は弱酸性）．

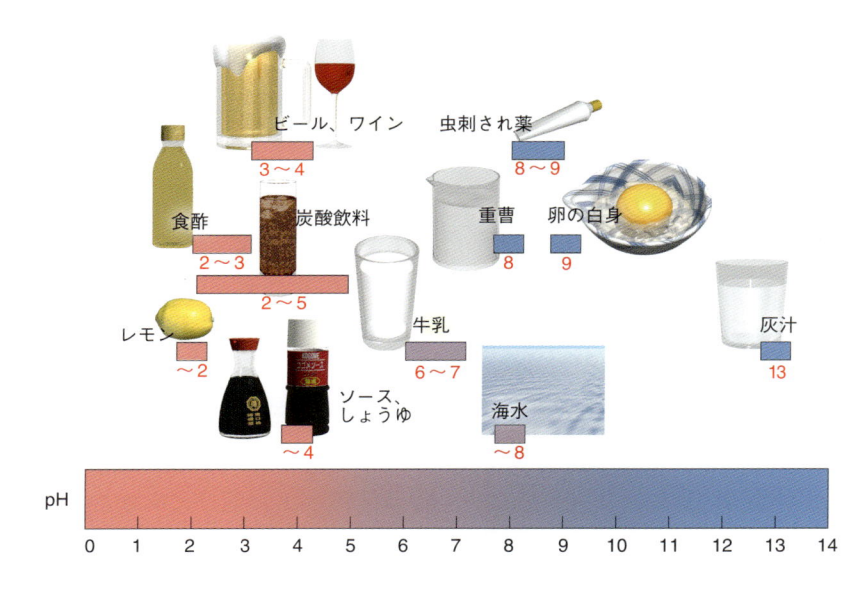

図 10-3 **身の回りの物質の pH**

酸・塩基の考え方を見直す

では分子内に水素イオン（H^+）や水酸化物イオン（OH^-）を含んでいない場合の酸，塩基はどのようになるだろうか．気体のアンモニア（NH_3）について考えてみよう．アンモニアは水に溶けるとアンモニア水となり，一部は次の式に示すように電離反応を起こして OH^- を生じる．したがって，先の**アレニウスの定義**に従えば塩基である．

$$NH_3 + H_2O \rightleftarrows NH_4^+ + OH^-$$

このように，分子内に OH^- をもっていないにもかかわらず塩基になるという事実から，二人の科学者ブレンステッドとローリーはそれぞれ独立にアレニウスの定義を見直して，拡張した考え方を提案した．1923年のことである．それは，「酸とは水素イオン H^+ を放出する物質であり，塩基は逆に，水素イオン H^+ を受け取る物質である」という考え方である．この考え方を**ブレンステッド–ローリーの定義**という．

このように，水素イオンの授受で酸，塩基を定義するといろいろな反応に拡張して適用できる．たとえば，気体どうしの塩化水素（HCl）とアンモニア（NH_3）は反応して，塩化アンモニウム（NH_4Cl, 固体）の白煙が発生する．この反応では，HCl は酸としてはたらき H^+ を放出して，NH_3 が塩基としてはたらいてそれを受け取ることで，直接 NH_4Cl が生じると考えられる．

$$HCl + NH_3 \longrightarrow (NH_4^+ + Cl^-) \longrightarrow NH_4Cl$$
（酸）（塩基）

また，水は酸である塩化水素や塩基であるアンモニアと反応することから，この定義に従うと水は反応する相手によって酸にも塩基にもなりうることがわかる．

$$HCl + H_2O \longrightarrow H_3O^+ + Cl^-$$
（酸）（塩基）

$$H_2O + NH_3 \rightleftarrows NH_4^+ + OH^-$$
（酸）（塩基）

酸・塩基の強弱は何で決まる？

先にも述べたが，純水はほとんど電気を通さない．また，同じ濃度の酢酸水溶液と塩酸〔気体の塩化水素（HCl）が水に溶けてできた水溶液〕の導電性を比べてみると，酢酸のほうが小さいことがわかる．これ

ブレンステッド
デンマーク出身の物理化学者（1879〜1947）で，コペンハーゲン大学に学び，デンマーク工業大学教授，コペンハーゲン大学教授を歴任した．

ローリー
イギリスの物理化学者（1874〜1936）で，ロンドン大学に学び，1920年ケンブリッジ大学教授となった．

らの違いはどこから生じているのであろうか．

導電性はイオンの濃度（この場合，水素イオン濃度で考える）で決まる．電気を通すもとであるイオンの数が多いほど，電気が通りやすいことは容易に想像できるだろう．結果的に，同じ濃度の酢酸水溶液の水素イオン濃度は塩酸のそれより低いことになる．つまり，塩酸は水溶液中ではほとんど電離しているが，酢の成分である酢酸（CH_3COOH）は，水溶液中でも一部しか電離せず，大部分は酢酸の分子のままで存在していることがわかる．酢酸の電離は次の式で表される．

$$CH_3COOH \rightleftharpoons CH_3COO^- + H^+$$

以上より，酸の強弱は電離してできる H^+ の濃度で決まるといえる．同様に，塩基の強弱は電離で生成する OH^- の濃度で決まる．

one point
酸・塩基概念の効用

日常の生活で，料理した食品が腐ることがある．これはバクテリアの作用によるものなので，バクテリアが繁殖しにくい環境にしてやればよい．たとえば，ご飯に食酢を少し加えれば長持ちさせることができる．

酸性，塩基性の見分け方

ある物質が酸性か塩基性かを簡単に見分けるには，その物質の pH を調べればよい．簡単に pH を測定するには，**pH 指示薬**か，あるいは pH メーターを用いればよい．

化学の実験では水溶液の pH を決める際に pH 指示薬をしばしば使う．これは色素の溶液が pH の値によって異なる色を呈するという性質を利用したものである．いくつかの指示薬の pH の値による変色域を図 10-4

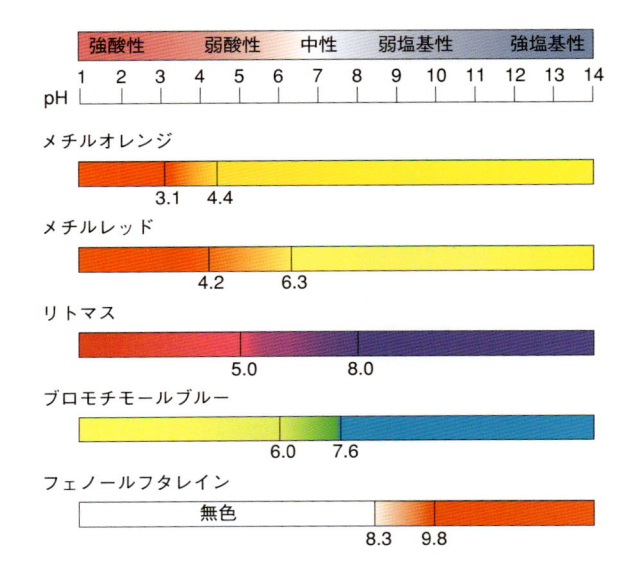

図 10-4　いろいろな pH 指示薬の色の変化と変色域

第10章　身の回りの酸と塩基を考える

図 10-5　各地の温泉と，その液性
酸性の玉川温泉（秋田県，左，pH ≒ 1）と塩基性の中川温泉（神奈川県，右，pH ≒ 10）

*3　pHを変化させると指示薬の色が変わるpH領域．

に示す．これらを混ぜ合わせて紙などにしみ込ませた変色域*3の広い万能pH試験紙もある．

　日本では，全国のいろいろなところに温泉が湧きだしている．その温泉が湧きだす地下の岩石層の性質によって，その湯は酸性にも塩基性にもなる．代表的な酸性温泉，塩基性温泉の例を図10-5に示す．酸性温泉に入ると，皮膚にかすり傷があればヒリヒリすることがある．また，塩基性温泉はぬるぬるした感触で，古い皮膚の表面がわずかに溶けている可能性がある．

　ところで，私たちの身体の器官のpH値もさまざまである．食物は口から入って，いろいろな消化器官で酵素*4の助けを借りながら分解され，消化・吸収されて身体の栄養素になっていく．その過程で，各器官や酵素がうまく機能するために，そのpHは一定の値を保つように調整されている（図10-6）．

*4　酵素は特定の物質を特定のpHのとき，特定の温度で，特定の別の物質に変化するのを助ける．これを酵素の特異性という．

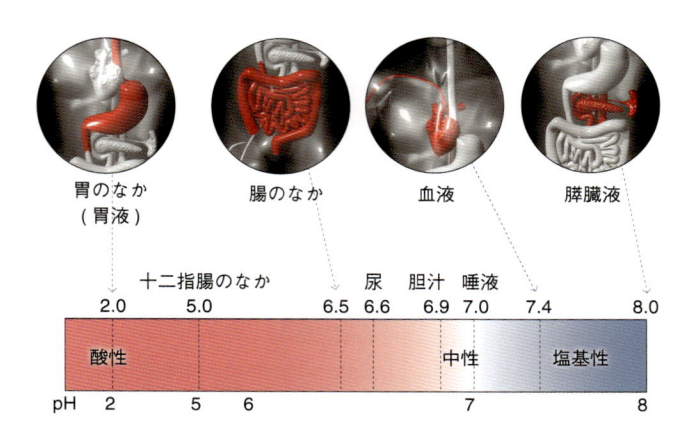

胃のなか（胃液）　　腸のなか　　血液　　膵臓液
十二指腸のなか　　尿　胆汁　唾液
2.0　　5.0　　6.5 6.6　6.9 7.0　7.4　　8.0
酸性　　　　　　　　　中性　　　塩基性
pH　2　　　5　6　　　　7　　　　8

図 10-6　身体の部位とそのpH値

10.2 酸と塩基が反応するとどうなる？

中和とはどういうこと？

先に説明した酸と塩基を混ぜ合わせるとどうなるかを考えてみよう．たとえば，強酸の塩酸（酸）と強塩基の水酸化ナトリウム（塩基）を反応させると，水（H_2O）と塩化ナトリウム（$NaCl$）が生成する．この反応を**中和**といい，このとき水以外に生じる物質（ここでは塩化ナトリウム $NaCl$）のような物質を**塩**という（しおとは読まない）．

$$HCl + NaOH \longrightarrow H_2O + NaCl$$

酸と塩基は互いに打ち消しあう性質をもつので，混合すると酸性を示す H^+ と塩基性を示す OH^- が反応して水となり，それらの性質が失われる．

$$H^+ + OH^- \longrightarrow H_2O$$

なお，1 mol の H_2O が生成する**中和反応**が起こると，約 56 kJ/mol の熱（中和熱）が発生する．

塩は酸と塩基の中和反応で生成するものであるが，酸の水素イオンをほかの陽イオンで置き換えた化合物，または塩基の水酸化物イオンをほかの陰イオンで置き換えた化合物と考えてよい．

> **one point**
> **日常のなかの中和反応**
> 身近な例をあげると，魚料理を食べるときに，よくレモンやスダチなどを上からかけることがある．これは，レモンやスダチ（酸）によって，魚の特有の臭い（主成分は揮発性のアンモニアに似た塩基性化合物）が中和されるからである．

例題 3

強酸の硫酸（H_2SO_4）と強塩基の水酸化カルシウム〔$Ca(OH)_2$〕の中和反応を書きなさい．

解答

その反応式は

$$H_2SO_4 + Ca(OH)_2 \longrightarrow 2H_2O + CaSO_4$$

と書ける．硫酸は電離して

$$H_2SO_4 \longrightarrow 2H^+ + SO_4^{2-}$$

となる．また，水酸化カルシウムも

$$Ca(OH)_2 \longrightarrow Ca^{2+} + 2OH^-$$

となっている．そこで硫酸に水酸化カルシウムを加えると，上記の二つの反応が溶液中で起こることになる．したがって，反応の右辺

> をたし合わせると
>
> $$H_2SO_4 + Ca(OH)_2 \longrightarrow 2H^+ + SO_4^{2-} + Ca^{2+} + 2OH^-$$
>
> $$\longrightarrow 2H_2O + CaSO_4$$
> （水）　（塩）
>
> となり，H^+ と OH^- が反応して水になり，生じた $CaSO_4$ は塩である（中和反応）．

塩について知っておきたいこと

酸と塩基の中和反応で生成する水は中性であるが，そのときに生じる塩の水溶液の性質は，必ずしも中性とはかぎらない．たとえば，弱酸と強塩基の中和で生じる塩である酢酸ナトリウム CH_3COONa の水溶液は弱塩基性を示す．

このように塩の水溶液は，その塩を生じさせたもとの酸と塩基の強弱と密接に関係していることがわかる．たとえば，強い酸と弱い塩基を中和させると，酸性の塩が生じ，逆に弱い酸と強い塩基を反応させると，塩基性の塩になる（表10-1）*5．

*5 弱酸と弱塩基の中和反応によって生じる塩の水溶液については一概にいえないので，表には載せていない．

表10-1　塩の水溶液の性質

反応させる酸・塩基		塩の水溶液の性質	塩の例
酸	塩基		
強酸	強塩基	中性	NaCl
強酸	弱塩基	酸性	NH_4Cl
弱酸	強塩基	塩基性	CH_3COONa

では，弱い酸と強い塩基からできた塩が水に溶けるとなぜ塩基性になるのだろうか？　それについて考えてみよう．弱酸である酢酸（CH_3COOH）と，強塩基である水酸化ナトリウム（$NaOH$）からできた塩の酢酸ナトリウム（CH_3COONa）は，水に溶けると CH_3COO^- と Na^+ とに電離する．しかし，酢酸は弱酸であるために高濃度の CH_3COO^- は水溶液中では存在できず，一部は水の解離によってできた H^+ と結合して酢酸となる．この反応は次式で表される．

$$CH_3COONa + H_2O \longrightarrow CH_3COOH + Na^+ + OH^-$$

この水溶液中には Na^+ と OH^- が残るために，酢酸ナトリウムの水溶液

はpH = 7.5という弱塩基性を示す．

塩化アンモニウム（NH_4Cl）は，強酸の塩酸（HCl）と弱塩基のアンモニア（NH_3）とからできる塩であり，上で説明したルールにより水に溶けると弱い酸性を示す．この場合にも，下式のように塩化アンモニウムが水に溶けて水素イオン（H^+）を生じるので酸性になる．

$$NH_4Cl + H_2O \longrightarrow NH_4OH + Cl^- + H^+$$

このように，弱酸と強塩基の塩，あるいは強酸と弱塩基の塩は水溶液になると水と反応して，塩基性あるいは酸性を示す．

中和反応を使って環境を改善する

火山や温泉，酸性雨などの影響を受けて川や湖が強い酸性になり，利用できなくなってしまうことがある．たとえば，湖沼のpHは6.5付近の値をもっているが，pHが6.0以下になると，いろいろな生物に影響がでる．pHが6.0になると，多くの魚類が死滅し，さらにpHが4.0以下になると，湖にすむ生物はほとんど死んでしまう．このような場合に中和反応を利用して，河川や湖沼をよみがえらせる事業が実施されている．その一つの例が吾妻川（湯川ともいう．群馬県）である（図10-7）．この川には草津温泉などを源とする強酸性の水が流れ込んだり，周辺の

one point

酸性雨は淡水に影響

地球表面近くで利用できる淡水（河川，湖沼，土壌中，大気中）は約0.3%であり（第2章），大部分は海水（pH ≒ 8，塩基性）である．ここで問題なのは，この少ない淡水が酸性化することである．

石灰石投入前 　　　石灰石投入後

図10-7　中和事業によって魚がすめるようになった吾妻川
白根山山頂の火口湖（湯釜，硫酸のため強い酸性pH = 1.2）（上），石灰石の粉（炭酸カルシウム，塩基性）をミルク状にしたものを吾妻川に投入して，酸性度を押える．白い濁りは硫酸カルシウム．

第10章 身の回りの酸と塩基を考える

鉱山から硫黄化合物が流れ込んだりして，硫酸（H_2SO_4）を含んでいるため，水質は魚もすめないほど酸性度が強い．

そこで，川に塩基性の石灰石の粉（炭酸カルシウム，$CaCO_3$）をミルク状にして流し込み（図10-7），中和して酸性度を押さえている．その中和反応は次の式で表される．

$$H_2SO_4 + CaCO_3 \longrightarrow CaSO_4 + H_2O + CO_2$$

この中和反応で生成する硫酸カルシウム（$CaSO_4$，白色沈殿）は，定期的に川底を掘ることによって取り除かれている．この中和事業のおかげで，現在，吾妻川には魚などの生物がすめるようになり，下流の人びとも中和された河川の水の恵みを受けて生活できるようになっている．

COLUMN　酸性雨が発生するしくみ

pH が 5.6以下の雨水を酸性雨という．通常，硝酸（HNO_3）や硫酸（H_2SO_4）が溶け込んだ雨水が酸性雨になる．工場や車などで化石燃料を燃焼させると，窒素酸化物〔おもに二酸化窒素（NO_2）〕や硫黄酸化物〔おもに二酸化硫黄（SO_2）〕などが発生する．

一方，成層圏の下のほうでは，太陽光のエネルギーにより，いつも OH ラジカル（酸素原子1個と水素原子1個からなる反応性にとんだ分子）が生成しており，それが対流圏におりてくると，窒素酸化物と反応して硝酸（HNO_3）が生成する．

また，OH ラジカル，SO_2，H_2O，O_2 が一連の反応を起こすことによって硫酸（H_2SO_4）生成する．これらの反応で硫酸が生成する速さは硝酸の場合の約1/10であり，遅いといわれている．したがって，大気中の SO_2 は反応が終わるまでに長い距離を移動することになり，国と国との越境汚染を起こす原因になっている．

このようにしてできた硝酸や硫酸が気体のまま地上に降りてきていろいろな物体に付着し，森林の立ち枯れや土壌，湖沼の酸性化などの被害を及ぼす原因となる．気体の NO_x が直接，樹木の枯渇に関係することもある．なお，生成したガス状の酸が雨水に溶け込むとき，粒子状物質が核となり，過飽和の水蒸気が凝縮して雲（粒）を形成する場合と，雨が落ちてくる途中で大気中にあるガスや粒子を捕捉する場合との二種類があるといわれている．

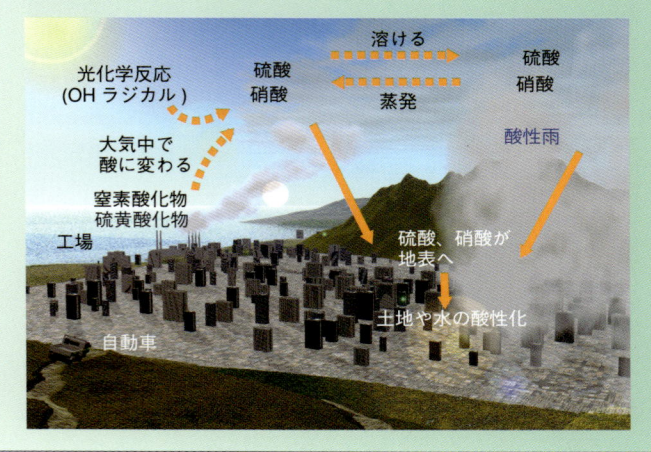

章末問題

1 身の回りにある食品でpHによって色が変わるものを探してみよ．また，食物のなかで塩基性のものが少ない理由を考えてみよ．

2 雨水は中性（pH = 7）ではなく，弱酸性（pH ≒ 5.6）である理由を考えてみよ．

3 pH = 3の塩酸を1000倍にうすめるとpHの値はいくらになるか？ その塩酸をさらに1000倍うすめたときはpHの値がどうなるか考えてみよ．

4 次のそれぞれの右向き，左向きの両方の反応で，どの物質が酸で，どの物質が塩基の役割を果たしているかを考えてみよ．また，その理由をブレンステッド–ローリーの定義を用いて説明せよ．

（1） $NH_3 + H_2O \rightleftarrows NH_4^+ + OH^-$

（2） $CH_3COOH + H_2O \rightleftarrows CH_3COO^- + H_3O^+$

5 同じ濃度の水酸化ナトリウム水溶液とアンモニア水は，どちらが強い塩基性を示すか，また，その理由を考えてみよ．

6 濃度0.2 M（mol/L）の水酸化ナトリウム水溶液10 mLを用意して，次の操作をしたとき，どのような反応が起こり，混合溶液の酸性，塩基性はどうなるか，また，その理由を考えてみよ．

（1） 0.2 M 塩酸10 mLを加えたとき

（2） 0.2 M 酢酸水溶液10 mLを加えたとき

7 炭酸水素ナトリウム（$NaHCO_3$）を胃の薬として服用したとき，作用する反応を考えてみよ．

8 温泉の湯が酸性・中性・塩基性のどれであるかを調べるにはどうしたらよいかを考えてみよ．ただし，調べるものは宿泊施設にあるものにかぎる．

第10章　身の回りの酸と塩基を考える

◆ 分子模型とその役割 ◆
memorandum

　本書でも随所に分子模型が登場する．この分子模型は，おおまかな分子の形と分子内部での原子のつながりを表したものである．模型すなわちモデルであるから，実体そのものではなく，現実のものを単純化・抽象化したものといえる．

　分子模型にはいくつかのタイプがあるが，分子のなかの原子を小さな球，原子間のつながりを棒で表した「球棒模型」と，分子を球のつながりで表した「空間充填模型」の二つが有名である（図参照）．球棒模型では原子間の結合の様子がはっきりわかるのに対して，空間充填模型は分子全体の形状を理解するのに便利である．空間充填模型では，二つの原子の結合は球が押しつぶされたようなだんご状に表現されるので結合自体は見えないが，球棒模型と比べて実際の分子に近いものといえるかもしれない．また空間充填模型では，実際の原子の大きさに基づいて球の大きさを少し変えてある．いずれにしても，目的に応じて使い分ける必要がある．

　また，とくに生化学の分野では，タンパク質の複雑な分子構造などを示すとき，図2-8に示したように，鎖状につながっている部分をリボン状に表すこともある．

　ところで，これらの分子模型では，原子に色をつけてわかりやすく表示しているが（たとえば，炭素は黒，酸素は赤，水素は白など），実際には原子に色がついているわけではない．

　分子模型は，実際には見えない分子を視覚化して見せるという教育的な役割だけではなく，化学者が実際に研究を進めるうえでもたいへん役に立つ．頭で考えるより，実際に分子模型を組み立ててみることによって思わぬヒントが浮かんでくることがよくある．

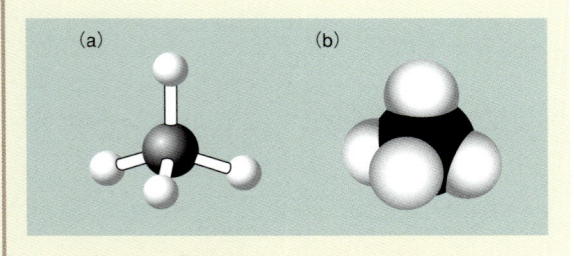

メタンの球棒模型（a）と空間充填模型（b）

第11章 酸化と還元のしくみを考える

　自然界で起こる現象には，大気中にある酸素が関係するものが多い．ものが燃えるとか，金属がさびるなどはその例であり，その際，酸素と強く結びつく．このような現象には，電子という粒子が深くかかわっており，内部では酸化還元反応が起こっている．この章では，そのしくみについて学んでいくことにする．

11.1　酸化，還元とは何か？

　かつてラボアジェは物質が酸素と結合することを**酸化**，逆に酸化物から酸素を取ることを**還元**と定義した．しかし，その後の化学の進展により，酸化反応や還元反応はもっと広い現象であることがわかってきた．

酸化と還元の定義

酸　化　物質が酸素と化合したとき，その物質は「酸化された」といい，これらの変化を酸化と呼ぶ．炭素の粉末が燃えると二酸化炭素（気体）が発生する．この変化は次の反応式で表される．

$$C + O_2 \longrightarrow CO_2$$

　水素が燃えるときは，水〔水蒸気（気体）あるいは液体〕が発生する．

$$2H_2 + O_2 \longrightarrow 2H_2O$$

　一方，鉄を熱すると表面の色が変化して黒くなるし，空気中に放置しておくとさびて赤かっ色になる．このとき，鉄は酸素と反応している．この鉄の酸化物は，磁気テープの磁性体材料や赤色の顔料として広く使われている．

$$3Fe + 2O_2 \longrightarrow Fe_3O_4$$
$$4Fe + 3O_2 \longrightarrow 2Fe_2O_3$$

> **one point**
> **身近な酸化の例**
> 身近な例でいうと，たとえばリンゴを切ってそのままにしておくと，赤茶色に色が変わってしまうが，これも酸化還元反応の例である．あとで述べるように，電池は酸化還元反応のしくみを最大限に利用した便利な道具といえる．

第11章 酸化と還元のしくみを考える

one point

鉄の酸化と化学カイロ

鉄が酸化されるときの発熱を利用したものが化学カイロである．市販のものには，粒の細かい鉄粉，食塩，活性炭などが含まれている．包装を開くと空気中の酸素と鉄が反応する．食塩は，鉄の酸化を促進するはたらきをする．活性炭は鉄が酸素と効率よく反応するのを助ける．

図 11-1 鉄の製錬

用語解説

金属の製錬

天然にある金属の鉱石は，酸素と結びついたかたちで産出する．金属を取りだすには酸素と化合しやすい炭素などの物質（還元剤）と反応させて酸素を取り除く必要がある．

これらの反応で生じた二酸化炭素，水，鉄の酸化物はいずれも反応前の物質に酸素が加わっており，燃やす前より燃やしたあとのほうが重くなっている．つまり，酸素が化合した分だけ重くなる．

また，食物，たとえば炭水化物を食べたときも同様のことが体内で起こっている．炭水化物は酸素と反応して，最終的に二酸化炭素と水になって，同時にエネルギーも発生する．このエネルギーによって人間は活動できる．

$$C_6H_{12}O_6 + 6O_2 \longrightarrow 6CO_2 + 6H_2O$$

還　元　赤鉄鉱はたいへんありふれた鉱石で，主成分は酸化鉄(III)（Fe_2O_3）である．これをコークス（炭素/C）とともに高温で反応させると鉄（Fe）になる．この反応は次式(11-1)で表される．

$$2Fe_2O_3 + 3C \longrightarrow 4Fe + 3CO_2 \tag{11-1}$$

このように，酸化物の酸化鉄(III)が鉄にもどるとき，その物質は還元されたといい，この変化を還元と呼ぶ．この原理は工業的な鉄の製錬に用いられ，実際に鉄鉱石から銑鉄がつくられている（図11-1）．

磁気テープや磁気ディスク
Feを含むヘモグロビンは酸素を運ぶ
建物，自動車，船などの構造材料
磁石にくっつく金属
鉄 55.85
26 Iron

鉄（Fe）

酸化と還元は同時に起こる

式(11-1)の炭素に注目すると，炭素は酸素と結合して二酸化炭素になっている．すなわち，式(11-1)では炭素の酸化と酸化鉄(III)の還元とが同時に起こっている．つまり，鉄と結合していた酸素原子が炭素に渡

されていると見なすことができる．

また，一酸化炭素（CO）と水素（H_2）の混合気体である水性ガスの発生反応でも同様で，炭素が酸化されると同時に水が還元されている．酸素原子が水の水素から炭素に移って一酸化炭素ができる．

これらの例からもわかるように，反応全体で見れば酸化と還元は同時に進行している．このような反応全体を**酸化還元反応**と呼んでいる．では，このとき受け渡されるのは酸素原子だけなのだろうか．

反応中の電子の授受を考える

金属単体のナトリウム（Na）は空気中で酸素（O_2）と激しく反応する（燃える）が，塩素（Cl_2）中でも反応し，塩化ナトリウムとなる（式11-2）．これはどちらも広い意味でナトリウムの酸化反応である．

単に化学反応式の様式が似ているために拡張したわけではない．反応中の電子（e^- と表す）のふるまいを考えると，同種類の反応であることがわかる．式(11-2)の二つの反応を比較すると，そのことが理解できる．

$$4Na + O_2 \longrightarrow 4Na^+ + 2O^{2-} \longrightarrow 2Na_2O \quad (11\text{-}2a)$$
$$2Na + Cl_2 \longrightarrow 2Na^+ + 2Cl^- \longrightarrow 2NaCl \quad (11\text{-}2b)$$

これらの反応では，ナトリウムが陽イオン（Na^+）になり，酸素あるいは塩素が，陰イオンである酸化物イオン（O^{2-}）や塩化物イオン（Cl^-）となっている．式(11-2a)はナトリウムが酸素と結合する酸化還元反応である．一方，式(11-2b)は，食塩（塩化ナトリウム）のイオン結晶を生成する反応である．どちらもナトリウムからでた電子（e^-）が相手の原子に入ったと考えればよい．すなわち，この二つの反応は電子の授受という点から見ると同型の反応で，金属と塩素との反応も酸化還元反応の一種と見なすことができる．

例題 1

金属のマグネシウム（Mg）と塩素との反応を電子のふるまいから考えよ．

解答

Mgと塩素との反応は次式で表される．

> **one point**
> **水性ガスの発生**
> 現在，都市ガスの多くは天然ガス（主成分メタン CH_4）だが，昔は石炭からつくったコークス（主成分 C）と高温の水蒸気を反応させて，水性ガスをつくっていた．一酸化炭素は毒性が強く，水素は爆発しやすいので注意を要した．
>
> C + H_2O ⟶ CO + H_2
> 酸化された／還元された／水性ガス

> **リンク**
> これらの反応では，第6章で学んだナトリウムは電子を放出しやすく，酸素や塩素は電子を獲得しやすい元素であることを思いだすとよい．

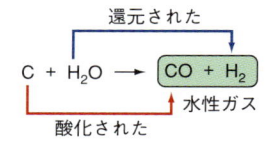

$$Mg + Cl_2 \longrightarrow MgCl_2$$

この反応を電子のふるまいから考える．ここで，Mg は Na とは異なり，電子を 2 個だす性質をもつので，以下のような反応が起こる．

$$Mg + Cl_2 \longrightarrow Mg^{2+} + 2e^- + Cl_2$$
$$\longrightarrow Mg^{2+} + 2Cl^- \longrightarrow MgCl_2$$

電子の動きから酸化と還元を再定義する

式(11-2)の反応では，酸化されたナトリウムは電子 1 個を失って陽イオンになり，還元された塩素や酸素は電子を取り込んで陰イオンになる．すなわち，「酸化された」ということは電子を失うこと（つまり，相手に電子を与えること），「還元された」ということは電子を取り込むこと（すなわち，相手から電子を受け取ること）であると定義することができる．

$$2Na \longrightarrow 2Na^+ + 2e^-$$
$$2Cl_2 + 2e^- \longrightarrow 2Cl^-$$

こうして見ると，酸化還元反応とは反応物質の間で電子の授受を行う反応である．その際，酸化で失った電子の数は還元のときに受け取った電子の数に等しくなければならない．反応全体では電子の増減はない．このような見方をすると，酸素原子の移動だけでなく，非常に多くの反応が酸化還元反応であることがわかる．逆にいうと，反応によって電子の授受が起こらない反応は酸化還元反応とはいえない[*1]．

*1 たとえば，第10章で説明した酸・塩基の中和反応（HCl + NaOH → Na$^+$ + Cl$^-$ + H$_2$O）や，イオンの交換反応（AgNO$_3$ + NaCl → AgCl + Na$^+$ + NO$_3^-$）では，左側の反応物の溶液中にあったイオンが，右側の生成物でも同じイオンとして存在しており，電子の授受が起こっていないので，酸化還元反応ではない．

電子を受け取る酸化剤，電子を与える還元剤

酸化還元反応が起こるとき，殺菌剤や染料としても用いられる深紫色の過マンガン酸カリウム（KMnO$_4$）のように，相手を酸化することができる物質を**酸化剤**という．また，自動車の排気ガスや火山ガスに含まれ，刺激臭をもつ有毒な気体である二酸化硫黄（SO$_2$）のように，相手を還元することができる物質を**還元剤**という．いい換えると，酸化剤は還元されやすい物質，すなわち電子を取り込みやすい物質であり，還元剤は酸化されやすい物質，すなわち電子を放出しやすい物質である．

11.2 酸化還元は金属のイオン化から始まる

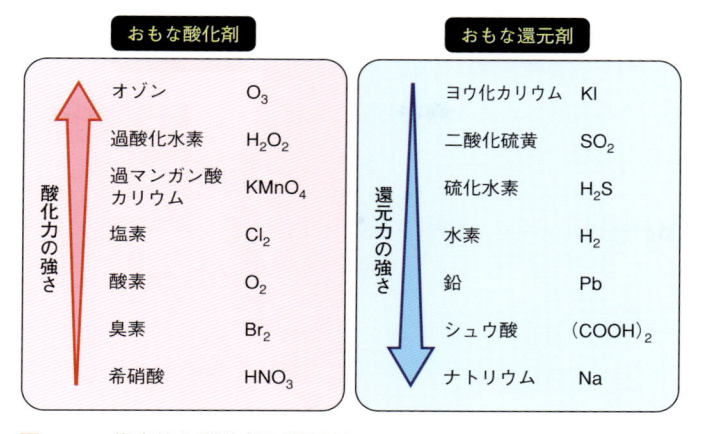

図 11-2　代表的な酸化剤と還元剤

おもな酸化剤（酸化力の強さ順、強い順）：
- オゾン　O_3
- 過酸化水素　H_2O_2
- 過マンガン酸カリウム　$KMnO_4$
- 塩素　Cl_2
- 酸素　O_2
- 臭素　Br_2
- 希硝酸　HNO_3

おもな還元剤（還元力の強さ順、強い順）：
- ヨウ化カリウム　KI
- 二酸化硫黄　SO_2
- 硫化水素　H_2S
- 水素　H_2
- 鉛　Pb
- シュウ酸　$(COOH)_2$
- ナトリウム　Na

one point
酸化力と還元力の強さ

酸化力や還元力の強さはその物質が相手から電子を奪い取るか、与えるかで決まる。すなわち、酸化剤の強さは電子を相手から奪う強さ（いい換えると、還元されやすさ）による。逆に還元剤の強さは、電子の与えやすさ（つまり、酸化されやすさ）によるといえる。結局、酸化力の強い物質は、相手の物質から容易に電子を奪い取ることができる物質といえる。そして、酸化されやすい物質は強い還元剤であり、逆に還元されやすい物質が強い酸化剤である。

代表的な酸化剤と還元剤を図 11-2 に示した。酸化剤や還元剤と呼ばれていても、**酸化力**の強さや**還元力**の強さには違いがあり、またその作用は相対的なものである。たとえば SO_2 は還元剤に分類されているが、還元力が SO_2 よりも強い硫化水素（H_2S）と作用する場合には酸化剤となり、みずからは還元されて硫黄（S）になる。このような酸化剤や還元剤のはたらきを図 11-3 にまとめた。

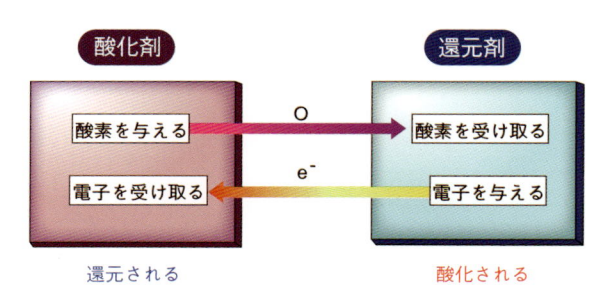

図 11-3　酸化剤と還元剤のはたらき

酸化剤：酸素を与える／電子を受け取る（還元される）
還元剤：酸素を受け取る／電子を与える（酸化される）

11.2　酸化還元は金属のイオン化から始まる

たとえば、鉄の腐食（さびること）は鉄表面から電子を失って鉄が陽イオンになることから始まる。このように金属単体が陽イオンになることを**金属のイオン化**というが、金属がイオン化するときは電子の放出が起こる。では、金属のなかでイオン化しやすいものと、イオン化しにくいものがあるのだろうか。次にこの点について考えてみよう。

リンク
金属のイオン化と電子の移動についての関係は第 7 章で学んだ。

第11章 酸化と還元のしくみを考える

各種の金属に塩酸を加えたとき，激しく反応して溶けるものと，反応しないものとがある．銅（Cu）は塩酸に溶けないが，マグネシウムや亜鉛は塩酸に溶けて水素を発生し，それぞれの金属イオン（陽イオン）になる（式11-3）．

$$Mg + 2HCl \longrightarrow Mg^{2+} + 2Cl^- + H_2 \qquad (11\text{-}3a)$$

$$Zn + 2HCl \longrightarrow Zn^{2+} + 2Cl^- + H_2 \qquad (11\text{-}3b)$$

この現象は，MgやZnが，水に溶けている水素（H_2）よりも電子を放出しやすく，金属単体が塩酸のH^+に電子を与えてそれぞれの金属イオンとなった（酸化された）ことを示している．

銅（Cu）

高温超伝導体は銅酸化物
電気や熱をよく通す（電線や鍋）
青銅や真ちゅうのおもな成分
エビ，タコ，イカなどの血色素

銅 63.55
29 Copper

金属にはイオン化しやすいものがある

では，なぜ銅は塩酸に溶けないのだろうか．銅が溶けないということは，銅では式(11-3)のような反応が起こらない，つまり銅はH^+に電子を与えない（酸化されにくい）ことを示している．また，亜鉛の板を銅(II)イオン（Cu^{2+}）が存在している硫酸銅(II)の水溶液にしばらくつけておくと，金属の銅が亜鉛板の表面に析出してくる．この化学変化は式(11-4)で表される．

$$Zn + Cu^{2+} + SO_4^{2-} \longrightarrow Zn^{2+} + Cu + SO_4^{2-} \qquad (11\text{-}4)$$

亜鉛（Zn）

真ちゅう（Cuとの合金）
白色塗料，亜鉛華軟こう（ZnO）
トタン板（鉄板に亜鉛メッキ）
コピー機，蛍光灯，ブラウン管

亜鉛 65.41
30 Zinc

例題 2

式(11-4)の反応を電子のふるまいから考えよ．

解答

イオン化しやすい金属の亜鉛は，電解質の溶液に接している亜鉛板の表面で次の反応により電子を放出し，亜鉛イオンとなり溶液中に溶けだす．

$$Zn \longrightarrow Zn^{2+} + 2e^-$$

一方，硫酸銅(II)水溶液中の銅(II)イオンは，次の反応でその電子を亜鉛板の表面で受け取り，金属の銅となって析出する．

$$Cu^{2+} + 2e^- \longrightarrow Cu$$

11.3 電池の基本的なしくみ

イオン化列	Li > K > Ca > Na > Mg > Al > Zn > Fe > Ni > Sn > Pb > H₂ > Cu > Hg > Ag > Pt > Au						
酸との反応	水素を発生して溶ける					硝酸・熱濃硫酸に溶ける	王水のみに溶ける
水との反応	常温で激しく反応	高温で反応	高温水蒸気と反応	反応しにくい	高温水蒸気とも反応しない		

図11-4 金属のイオン化列とその反応性

> **用語解説**
> **王 水**
> おうすいと読む．濃塩酸と濃硝酸を3：1の体積比で混ぜたもの．酸化力が強く，金や白金なども溶かす．

このように，金属元素には陽イオンになりやすいものと，金属のままのものがある．金属のイオン化のしやすさを**イオン化傾向**といい，その序列を**イオン化列**という．図11-4は金属のイオン化列とそれぞれの金属の酸や水に対する反応性を示したものである．

水素（H_2）は金属ではないが，水との反応性を比べる基準としてイ

$$H_2 \longrightarrow 2H^+ + 2e^- \tag{11-5}$$

オン化列に加えられている．水素よりイオン化傾向の大きい金属は，希塩酸などの酸（高濃度のH^+）と反応して金属イオンとなり水素を発生する．Li, K, Ca, Naなどイオン化傾向が非常に大きい金属は，中性の水のなかの低濃度のH^+とも反応する．イオン化列の右のほうに位置する金属は反応性が小さくなり，水素よりイオン化傾向の小さい金属は水とはもちろん酸とも反応しない．ただし，自分自身が酸化力をもつ硝酸（HNO_3）や熱した濃硫酸（H_2SO_4）とは反応して溶ける．

このように金属の酸や水に対する反応性を表したものがイオン化傾向であり，銅が塩酸と反応しない理由もわかった．このイオン化傾向を知っておくと，電池のしくみを考えるときに役立つ．

> **one point**
> **イオン化列に注意！**
> イオン化傾向の異なる二種類の金属を，それぞれの電解質溶液中につけて，金属どうしを導線でつなげば電池ができる．電池については11.3節で学ぶ．ただし，図11-4に示したイオン化列は，相対的なイオン化傾向の大きさを表したもので正確性に欠けることに注意しよう．なお，イオン化傾向がもっとも大きい金属はリチウムである．

11.3 電池の基本的なしくみ

私たちの身の回りには，いろいろなタイプの**電池**があふれている．ノートパソコン，携帯電話，時計，カメラなど数えきれないほどの機器に，各種の電池が使われている．現代社会にとっていまや電池は必要不可欠なものとなっている．電池のしくみには，これまでに学んだ酸化還元反応が深くかかわっている．

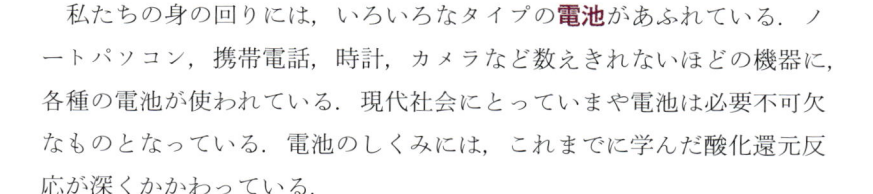

第11章 酸化と還元のしくみを考える

> **用語解説**
> **化学電池と物理電池**
> 酸化還元などの化学反応を利用したものが化学電池で，反応のエネルギーを電気エネルギーとして取りだす装置である．シリコン太陽電池は，ケイ素単体からつくる二種類の半導体をはり合わせたものに光を照射したとき発生する電流を用いるので，化学反応をともなっておらず，物理電池の一種である．

世界で初めての電池──しくみは意外に簡単

電池の基本的な原理 電流は電子の流れである．したがって，何らかの方法で電線に電子（e^-）を流せばよい．化学反応で電子を取りだして流すのが電池である．金属がイオン化すると，金属の陽イオンと電子を生じる．すなわち，イオン化という変化は電子を放出することであり，酸化されること（相手を還元する反応）になる．電池はこのような酸化還元反応を利用して，**化学エネルギー**を**電気エネルギー**に直接変える装置である．ガスバーナーが燃料を酸化することによって化学エネルギーを熱エネルギーに変える装置であることに似ている．

世界最初の電池は1800年ボルタにより発明された．亜鉛板と銅板（スズを用いたものもある）を電解質溶液である希硫酸（「希」はうすい水溶液という意味）に入れ，2枚の板を導線でつなぐと電流が流れ，銅板の表面で水素が発生する（図11-5）．これを**ボルタ電池**（電堆と呼ばれていた）という．

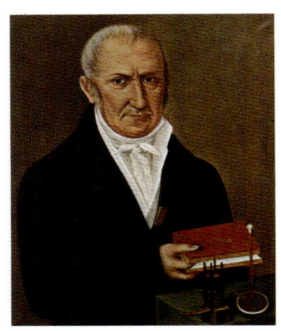

ボルタ
イタリアの物理学者（1745～1827）で，ナポレオンから伯爵位を授与された．

ボルタの電池（電堆）
ボルタからファラデーに贈られたもので，ロンドンの英国王立研究所に保存されている．

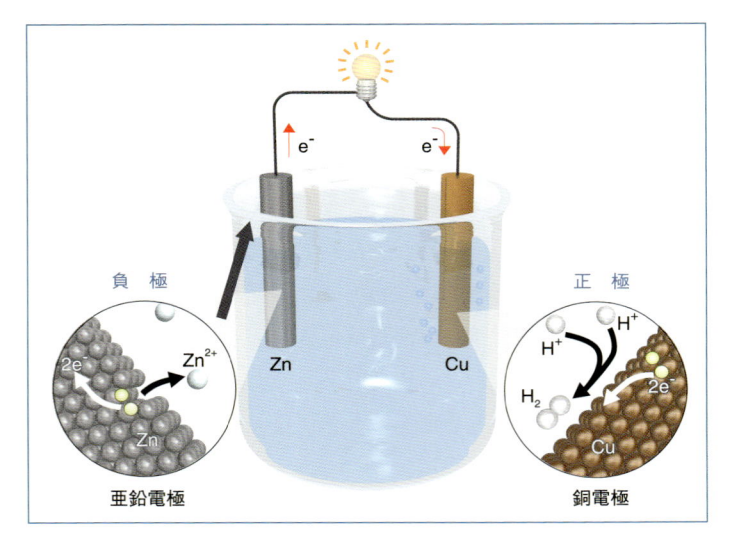

図 11-5 ボルタ電池のしくみ

ここで電池の用語について簡単に説明しよう．電池は「化学反応が起こる電解質溶液」「電気を通す二種類の金属板または棒（**電極**という）」「電子が流れる（電流の逆方向）外部の導線回路」の三つの部分から構成されていることがわかる．電子を導線に放出する（つまり酸化される）電極を**負極**（－極，**アノード**），負極から外部の導線を通って電子

11.3 電池の基本的なしくみ

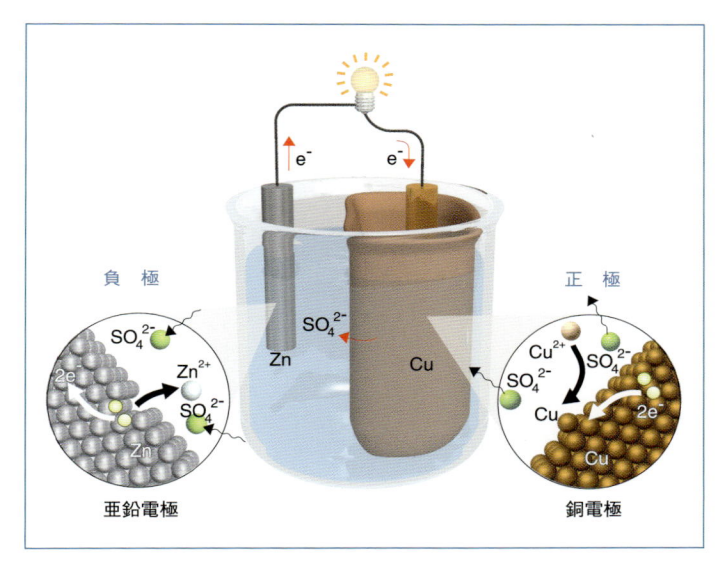

図 11-6 ダニエル電池のしくみ

ダニエル
イギリスの化学者（1790〜1845）で，1831年にロンドン大学キングス校（いまもある大学）の化学教授に就任した．

を受け取る（つまり還元される）電極を**正極**（＋極，**カソード**）という．

ダニエル電池のしくみ ボルタ電池は使用するとすぐに消耗してしまい，不便であった．そこで，ダニエルは1838年に新しい電池を発明した．彼が工夫した電池は**ダニエル電池**（図 11-6）と呼ばれ，亜鉛板と銅板を，それぞれの金属イオンを含む電解質溶液に別々に分けて入れ，両液を電気的につなげたものであった．亜鉛板と銅板を導線でつなぐと電池ができあがる．

ダニエル電池のしくみを考えてみよう．図 11-6の左側の金属は亜鉛板で硫酸亜鉛（$ZnSO_4$）水溶液に入れてあり，右側の金属は銅板で硫酸銅(II)（$CuSO_4$）水溶液に入れてあり，両液は塩橋（素焼き）で電気的につながっている．二つの金属板でどんな反応が起こっているのだろうか？ 銅よりもイオン化しやすい亜鉛がまず溶けて亜鉛イオン（Zn^{2+}）になり，電子（e^-）を放出する．つまり亜鉛が酸化され，亜鉛電極は負極（－極）になる．

負極：$Zn \longrightarrow Zn^{2+} + 2e^-$　　電子を放出（酸化反応）

一方，銅板の表面では硫酸銅(II)水溶液中の銅(II)イオン（Cu^{2+}）が，導線中を移動してきた電子を受け取り，金属の銅になる．この反応は次式で示される．つまり銅(II)イオンが銅板上で還元され，銅電極は正極

用語解説
塩 橋
二つの電解質を混ぜ合わせることなく電気的につなぐ役割をする．素焼きには小さな穴が多数あり，液体は混じり合わないが，イオンを通すはたらきをする．

> *2 起電力は電圧で表され，単位はボルト（V）である．このダニエル電池から得られる電位差（電圧），すなわち起電力は約1.1Vである．
> 電位は，電子を流しだそうとする能力のことである．電流（電子の流れと逆向き）の方向と合わせるため，電子を流そうとする能力の高い電極ほど負になる．

（＋極）になる．

正極：$Cu^{2+} + 2e^- \longrightarrow Cu$　　　電子を受け取る（還元反応）

すなわち，負極で亜鉛が還元剤として，正極で銅が酸化剤としてはたらく．このような酸化還元反応によって，電子を与えようとする負極と電子を受け取ろうとする正極との間に**電位**の差が発生する．この電位の差が**起電力**[*2]である．

例題3

ダニエル電池とボルタ電池の違いについて考えよ．

解答

負極で起こる反応はいずれの場合も同じで，電極の亜鉛が亜鉛イオンとして電解質溶液中に溶けだし，とり残された電子は電極内で余分な自由電子となるので，導線を伝わり正極の銅の表面に移る．

ボルタ電池の正極の表面にきた電子は，電解質溶液中にあるZn^{2+}ではなく，より還元されやすいH^+と結合して水素（気体）が発生するので，起電力が低下してしまう．

一方，ダニエル電池の場合，正極の銅電極は銅(II)イオンを含む電解質溶液中にあるので，銅表面上では，電子と銅(II)イオンが結合して金属の銅が析出する反応が起こる（$Cu^{2+} + 2e^- \longrightarrow Cu$）．すなわち，例題2で示した硫酸銅(II)の水溶液中に亜鉛板をつけたとき，金属の銅が亜鉛板上に析出する反応が，ダニエル電池では銅電極上で起こることになる．

こうして電池の原型ができあがり，現在ではさらに改良されていろいろな実用的な電池が発明されている．

身近な実用電池ははたらきもの

電池は化学反応によって電流を取りだす発電装置であり，電流を取りだすことを**放電**という．ところが，化学反応はいつかは終わるので電池にも寿命があって，永久に放電し続けることは不可能である．そこで，電池の電極に逆向きの電流を流し，電池内で逆の化学反応を起こさせて放電前の状態にもどしてやる．この操作を**充電**という．

実用電池には，放電して再使用することができない使い捨ての**一次電**

池と，充電して再び使用することができる**二次電池**がある．

一次電池（マンガン乾電池） 1868年，ルクランシェはダニエル電池をさらに改良し，正極に二酸化マンガン（MnO_2），集電体として炭素棒を用い，負極は亜鉛（Zn），電解質として塩化アンモニウム溶液を用いた．これが現在のマンガン乾電池の原型となった．ルクランシェが考案した電池（湿式電池という）の電解質溶液をのり状（ペースト）にして，こぼれないように筒状の亜鉛に入れたものがマンガン乾電池である（図11-7）．マンガン乾電池の起電力は約1.5 Vであり，電池内の反応は次式で表される．

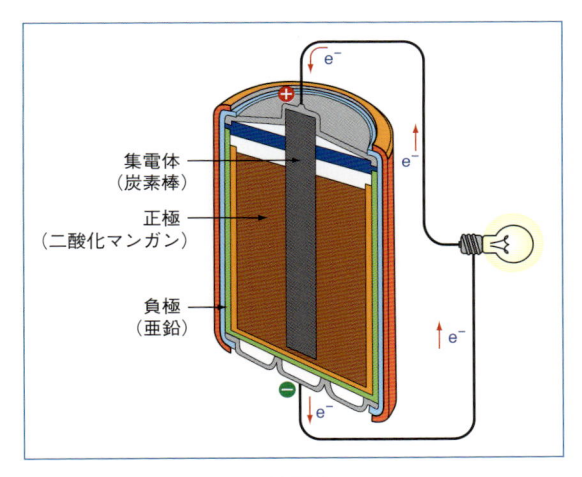

用語解説
集電体
電池では，外部に電流を取りだす端子が電池の内部とつながっている必要がある．この端子を集電体という．

図11-7 身近なマンガン乾電池のしくみ

負極[*3]：$4Zn + 8H_2O + ZnCl_2 \longrightarrow ZnCl_2 \cdot 4Zn(OH)_2 + 8H^+ + 8e^-$

正極：$8MnO_2 + 8H^+ + 8e^- \longrightarrow 8MnO(OH)$

*3 詳しくは
$4Zn \longrightarrow 4Zn^{2+} + 8e^-$
$4Zn^{2+} + 8H_2O \longrightarrow 4Zn(OH)_2 + 8H^+$
$4Zn(OH)_2 + ZnCl_2 \longrightarrow ZnCl_2 \cdot 4Zn(OH)_2$

マンガン乾電池は，小さな電力で長時間使う時計や，大きな電力で短時間使うリモコン，ガス，石油製品の点火など，日常的にもっとも広く使われている．これ以外の一次電池には，アルカリ乾電池，リチウム電池，銀電池などがあり，それぞれ特徴をもっている．とくにリチウム（Li）は，イオン化傾向が最大の金属であるから，相手の正極を何にしても，高い起電力をもつ電池をつくりやすい．また，リチウムは原子量が小さく，電池の質量も小さくできる．約3 Vの起電力の電池がつくられ，小型電子機器や心臓のペースメーカーなどに使われている．

リチウム電池
低温用の潤滑グリースに配合
Li合金は軽量，航空機材料
炭酸リチウムは躁うつ病治療薬
リチウム 6.941
3 Lithium

リチウム（Li）

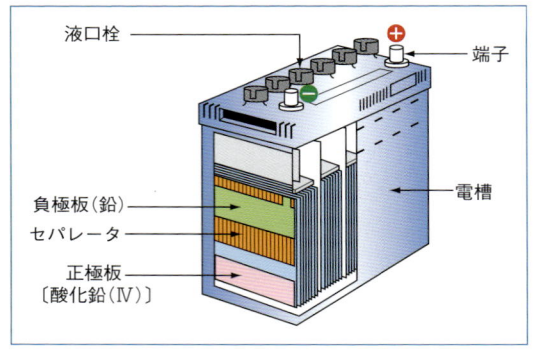

第11章　酸化と還元のしくみを考える

図11-8　自動車にも使われる鉛蓄電池

二次電池　繰り返し充電や放電ができる電池のことである．電気をたくわえるので蓄電池と呼ばれることもある．その代表が自動車のバッテリーなどに使われている鉛蓄電池である（図11-8）．1859年にガストン・プランテ（フランス）により発明された．

鉛蓄電池の起電力は約2.0 Vで，負極に鉛（Pb），正極に酸化鉛（IV）PbO_2，電解質水溶液に約30％の希硫酸が用いられている．放電のときは次の反応が起こる．

負極：$Pb + SO_4^{2-} \longrightarrow PbSO_4 + 2e^-$

正極：$PbO_2 + 4H^+ + SO_4^{2-} + 2e^- \longrightarrow PbSO_4 + 2H_2O$

電子の流れ

放電し続けると，反応でできた水に不溶性の硫酸鉛(II) $PbSO_4$ が，両極の表面に付着して電気が流れにくくなり，また，硫酸濃度も減少して起電力が低下する．自動車は大量の電気を必要とするので，エンジンで駆動する発電機からの直流を使って充電する．そのときには，上で示された負極，正極で起こる反応の逆反応が進むことになる．充電により起電力は回復する．鉛蓄電池の放電と充電の化学反応は次式で表される．

$$Pb + PbO_2 + 2H_2SO_4 \underset{充電}{\overset{放電}{\rightleftarrows}} 2PbSO_4 + 2H_2O$$

この鉛蓄電池は，「重い」「硫酸が腐食性である」という欠点をもつが，電池の寿命が長く，放電と充電を繰り返すことにより長期間使えるなど，現代の車社会にはなくてはならない電池である．

もう一つ，二次電池の新しい代表格に1992年に開発された[*4]，リチウムイオン電池がある．このような名前がついているが，リチウムイオン自身の酸化還元反応は起こらない．有機溶媒とリチウム塩を用い，リチ

> **one point**
> **充電のやり方**
> 自動車の発電機の－端子に負極を，＋端子に正極を接続して電流を流すと，硫酸鉛は分解してもとの鉛と酸化鉛（PbO_2）にもどる．

[*4]　リチウムイオン電池は日本の企業研究者が開発した．

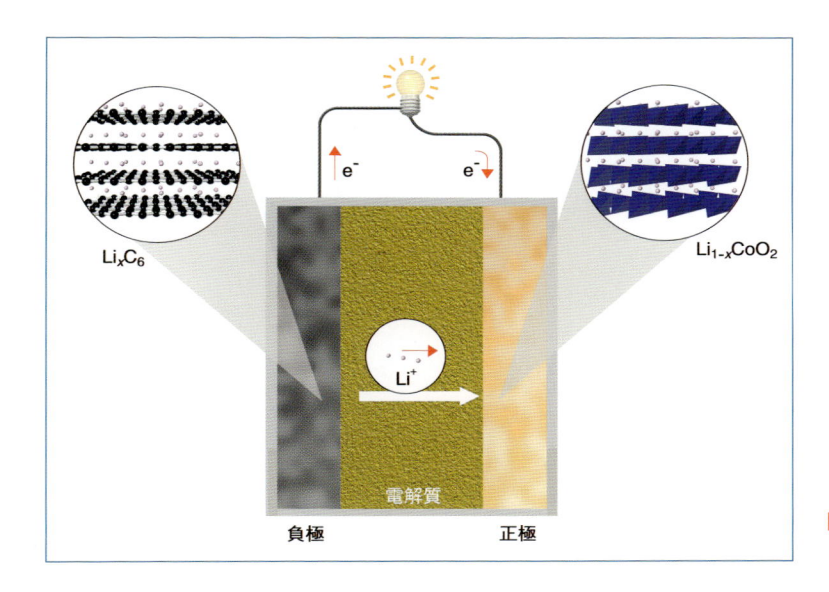

図 11-9　リチウムイオン電池の放電のしくみ

ウムイオンが両極間を移動することにより電荷の授受が行われる．充放電を繰り返せる電池であり，約3.7 V という高い起電力をもつ．負極に炭素（黒鉛/C），正極にはコバルト酸リチウム（$LiCoO_2$）などの金属酸化物が用いられる（図 11-9）．放電と充電を示す反応は次式で表される．

負極：$Li_xC_6 \underset{充電}{\overset{放電}{\rightleftarrows}} 6C + xe^- + xLi^+$

正極：$Li_{1-x}CoO_2 + xLi^+ + xe^- \underset{充電}{\overset{放電}{\rightleftarrows}} LiCoO_2$

リチウムイオン電池は，ほかの電池に比べて優れた特徴（起電力が高い，軽いなど）をもっているので，小型軽量化や高性能化が進むノートパソコン，携帯電話などの携帯型情報機器に多く使用されている．また，安全機構を内蔵した電池パックとして供給され，**単電池**（単1形，単2形など）は市販されていない．これは単電池の状態で充電しすぎると充電後に発火したり爆発したりする危険性があるためである．最近ではこの欠点を改良したリチウムイオンポリマー二次電池が開発されている．二次電池には，ほかにニカド（ニッケル-カドミウム）電池，ニッケル水素電池，リチウムイオン電池がある．

燃料電池　現代では，ほかの発電法に比べて地球環境にやさしく（二酸化炭素を極力ださない工夫をした），充電・放電式でない発電方法として，**燃料電池**が開発されている．燃料電池は，燃料（たとえば水素）の化学エネルギーを直接電気エネルギーに変えて電気を発生させる装置で

用語解説

単電池

電解質をはさんだ電極で構成されているセルが単一のものをいう．簡単にいうと，単1形，単2形，単3形などとふだん呼んでいる電池のことである．日常よく使われるマンガン乾電池やアルカリ乾電池などのこの呼び方は日本独自のもので，現在は，大きい順に，単1形，単2形，単3形，単4形，単5形となっている．

第11章 酸化と還元のしくみを考える

> **one point**
> **燃料電池の発見**
> この電池の原理は，1839年にイギリスの物理学者グローブ卿によって発明され，1960年代に入り，人間の月面着陸探査をした米国のアポロ計画の宇宙船で使われ，現在スペースシャトルの電源としても使用されている．ロケット燃料である水素と，その助燃剤の酸素を使って発電し，宇宙飛行士の飲料水も供給できる．

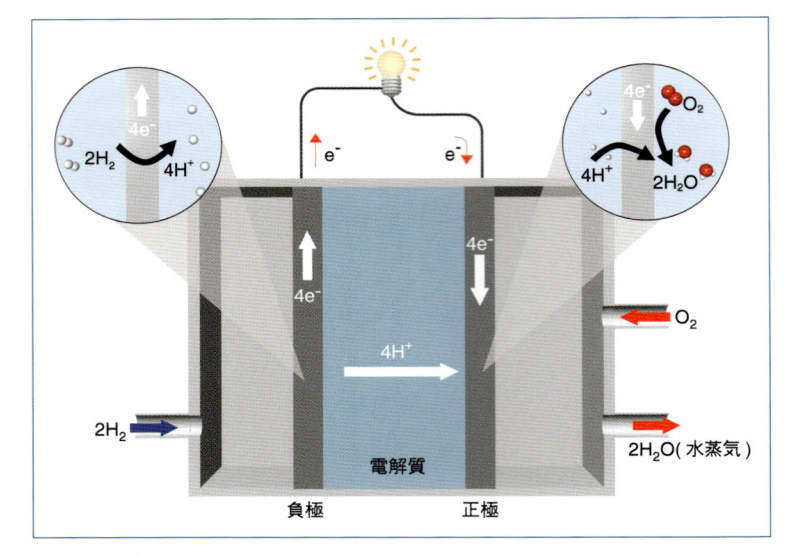

図 11-10 燃料電池のしくみ

ある．

　たとえば，水素燃料電池は，図 11-10 に示すように，水素と空気中の酸素を反応させるので，生じる物質は水だけである．水素と酸素が供給され続ければ，化学反応は持続的に起こり，電気を永久につくりだすことができる．そのしくみを簡単に説明しよう．

　まず，負極では水素（H_2）が酸化されて，水素イオン（H^+）と電子（e^-）になる．この電子は導線中を伝わって正極（O_2）に移動する．一方，H^+ は電解質溶液中に溶けだして，正極の O_2 と負極から移ってきた電子とが反応して水になる．

$$負極: 2H_2 \longrightarrow 4H^+ + 4e^-$$
$$正極: O_2 + 4H^+ + 4e^- \longrightarrow 2H_2O$$

（溶液中の移動／電子の流れ）

　この水素は直接燃えるわけではないが，取扱いに危険をともなうため，天然ガスや石油からとれるメタンの改質反応（次式で表される）などにより水素をその場で取りだすことによって供給される．水素はほかにも

$$CH_4 + 2H_2O \longrightarrow CO_2 + 4H_2$$

太陽光発電を利用した水の電気分解（次項）やメタノールなどからもつくられ，資源的に確保しやすい．メタノールを直接水素の代わりに使う燃料電池も開発されている

電池と電気分解の関係

　1833〜36年に，ファラデーはボルタの電池を使って，電解質溶液に電流を流したときに起こる化学反応を詳しく調べた．その結果，**電気分解**に関する法則を発見した．たとえば，希硫酸中に電流を流すと水は分解されて水素（H_2）と酸素（O_2）を発生する．「その総量は流した**電気量**に比例し，発生する水素と酸素の量は 2：1 の割合である」，というものである．この場合，外部から電流を流して電子の移動をむりやり起こし，ふつうは起こらない方向の酸化還元反応を起こさせている．すなわち，電気分解は電気エネルギーを，酸化還元反応を起こす化学エネルギーに変換するものであり，酸化還元反応による電子の移動を電流として取りだす電池とは逆の操作といえる*5.

　水の電気分解は，2枚の白金板を希硫酸につけて，それぞれ直流電源（電池）の負極（−）と正極（＋）に接続することによって行う（図11-11）．電流を流し始めると両方の電極から無色透明の気泡が発生し，陰極からは水素，陽極からは酸素が発生し，水が分解される．

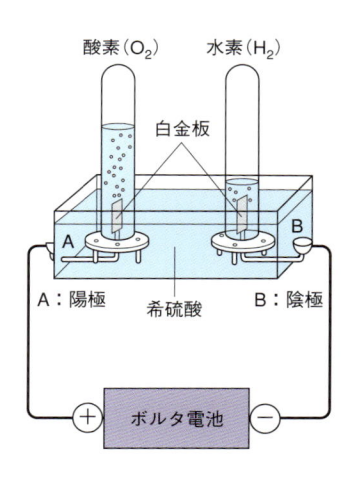

> **用語解説**
>
> **電気量（クーロン）**
>
> 電気量（C）＝流した電流（A）×時間（秒）と表され，1アンペア（A）の電流を1秒間，流したときの電気量が1C（クーロン）である．また，電気量の最小の単位は電子1個がもつ電荷で，それを電気素量と呼ぶ．電気素量は約 $1.602×10^{-19}$ C であり，電子1 mol はアボガドロ数（約 $6.022×10^{23}$）個の電子が集まったものなので，電子1 mol の電気量はこれらの数値を掛け算して 96500 C となる．この値を電気の父と呼ばれたファラデーにちなんで，ファラデー定数という．

*5　水の電気分解と逆の操作が前出の水素燃料電池である．

> ここで，電池の負極と接続した電極を陰極といい，電池の正極と接続した電極を陽極という．

図 11-11　水の電気分解

COLUMN　身の回りの酸化剤と還元剤

●**オゾン殺菌**　オゾン（O_3）は酸素（O_2）に酸素原子（O）が結合した物質で，酸素原子を放出して酸素にもどろうとする性質がある．放出された酸素原子は，周囲のいろいろな物質と酸化反応を起こす．悪臭をだす有機物質の成分は速やかに反応し，分解され脱臭される．生物の細胞膜を酸化することで細菌などを死滅させる．このようにオゾンは強い酸化剤である．

●**トイレの洗浄剤**　市販のトイレ用洗浄剤には，塩酸（HCl）を含むものと次亜塩素酸ナトリウム（NaClO）を含むものがある．後者は漂白剤や殺菌剤として使われる．塩酸系洗浄剤と塩素系漂白剤を混ぜると次式の反応により猛毒の塩素（Cl_2）が発生するので，混合すると非常に危険である．

$$2HCl + NaClO \longrightarrow NaCl + H_2O + Cl_2$$

●**漂白剤**　酸化型漂白剤は酸化剤であり，家庭用には酸素系と塩素系があり，いずれも汚れの成分である有機物質を酸化分解して漂白する．還元剤である還元型漂白剤には硫黄系があり，金属のさび汚れを還元反応により脱色する．還元漂白ではしばらくすると空気酸化により再びさびが付着する場合が多い．

トイレの洗浄剤（左）と酸化型酸素系漂白剤（右）

章末問題

1 自然界に存在する金属の鉄は酸化鉄として産出する．しかし，金はそのままのかたちで産出する．そのような違いはなぜ起こるのか，理由を述べよ．

2 貴金属の銀でできている製品も長い時間が経つと黒ずんでくることがある．この理由を述べよ．

3 金属のマグネシウムと窒素との反応を電子の授受から考えてみよ．

4 日常使用している一円玉（アルミニウム製）と十円玉（銅製）のほかの物質との反応のしやすさについて述べよ．

5 いずれも還元剤に分類されている二酸化硫黄（SO_2）と硫化水素（H_2S）が反応すると，どのような酸化還元反応が起こるだろうか．

6 燃料電池を例に，酸化還元反応をエネルギーの観点から述べよ．

7 現在，使われている電池の種類，用途，反応について調べてみよ．

8 マンガン乾電池で起こる全体の反応式を書き表せ．

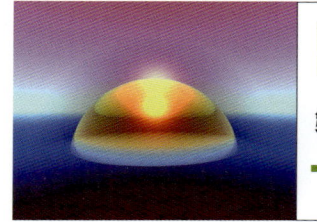

第12章　光は物質をどう変えるか

　地球上で起こる自然現象は，太陽からの光のエネルギーによって影響を受けていることが多い．植物や人間を含めて動物が生きているのも，もとをただせば太陽のおかげである．ここでは，光とは何かをまず理解し，そして，光をエネルギーの一つのかたちとしてとらえることによって，光と物質の関係を学んでいくことにする．

12.1　光とは何だろう

　光は波と見なすことができる．となり合う波の頂上から頂上まで，谷から谷までの長さ（波一つ分の長さ）を**波長**という（図12-1）．電子レンジなどにも使われているマイクロ波やレントゲン写真のX線なども光の一種である．一方，光は粒子として見ることもできる．光の粒子を**光子**という．光子はエネルギーをもった粒子と見なすことができ，物質の変化にかかわる．光の強さ[*1]（明るさ）は光子の数によって決まる．

図12-1　光の波と波長

[*1]　カンデラ（cd）という単位で表す．

光の波長が短いほど光のエネルギーは大きい

　図12-2に示すように，いろいろな波長の光のうち，私たちの目に見

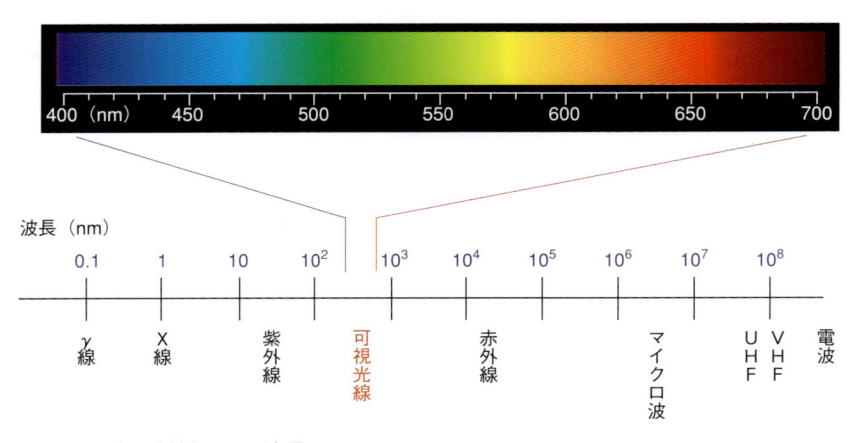

図12-2　光の種類とその波長

第12章 光は物質をどう変えるか

えるのはほんの一部で，**可視光線**と呼ばれる．紫色より波長の短い**紫外線**（紫外光）や，赤色の外側に位置している**赤外線**（赤外光）[*2]は見えない．光の種類は通常，波長によって区別し，その単位はナノメートル（nm）で表す．1ナノメートル（nm）は10億分の1（10^{-9}）メートルである．可視光線は約400～700 nmの波長で，紫外線，X線，γ線となるにつれて，光の波長は短くなる．波長が短いほど，光のエネルギーは大きく，たとえば可視光線より紫外線のほうがエネルギーが大きく，赤外線はエネルギーが小さい．

> *2 可視光線の外側にあるのでこう呼ぶ．英語では紫外光はultraviolet light（紫の上の光）でUVと略される．赤外光はinfrared light（赤の下の光）でIRと略される．

> **リンク**
> ナノメートル（nm）については第1章で詳しく述べた．

例題 1

「波長が短いほどエネルギーが大きい」ということを，ひもを使った実験で試してみよ．

解答

ひもの一端を固定し，もう一方を手にとって上下に一定の速さで振ると，一定の波ができる．同じ長さのひもで，最初一つだった波の山を二つにしようとすると，2倍の速さで動かさなければならない．波長を短くしようとすると，多くのエネルギーを加えなければならないのが実感される．

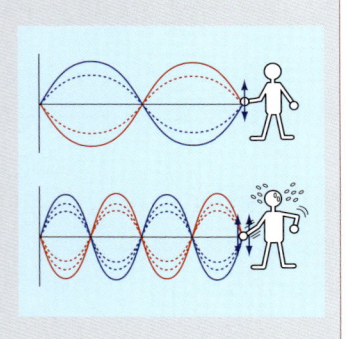

> **one point**
> **波長とエネルギーの関係**
> 波長（λ）とエネルギー（E）の関係は，次の式より理解できる．ここでhcは定数と考えてよい．
> $E = hc/\lambda$
> 波長が短いほど，エネルギーが大きいことがわかる．

光の三原色とものが見えるしくみ

　光の三原色（次に説明する色の三原色とは違うことに注意）である赤（red, R），緑（green, G），青（blue, B）を適当な割合でたし合わせる（加色という）とあらゆる光の色を表現できる（図12-3）．これを応用して，パソコンやテレビのカラーモニターの色をつくりだしている．太陽光や電灯の光は，可視光線領域のすべての波長の光が混ざり合ったもので，このようにあらゆる波長の光をたし合わせると，色を感じなくなる．これがふだん私たちが見ている「**白色光**」である．つまり，白色光とはさまざまな波長の光が入り混じった複合的な光といえる．

　私たちは，日常的にいろいろなものの「色」を見ている．これは物体に白色光があたったとき，ある特定の波長の光がその物体に含まれる物

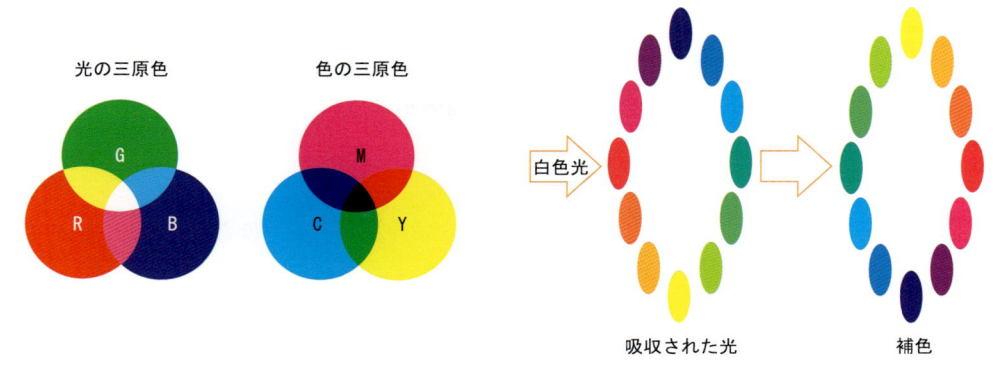

図 12-3 光の三原色，色の三原色および補色の関係

質に吸収され，残った特定の色の光が反射されて目に入ることによる．たとえば白色光から青色の光が吸収されると黄色く見える．こうして反射して見える光を，吸収された色の「**補色**」という（図 12-3）．ちなみに，すべての色の光が反射されると白に見え，逆にすべての光が吸収されると黒に見える．

色の三原色はシアン（C），マゼンタ（M），イエロー（Y）で，この三色を混ぜることによってすべての色を表現することができる．三原色すべてを混ぜると黒になる．

> **one point**
> **補色の見方**
> 色のついたスポット（たとえば，青色）を30秒間ほど凝視したのち，目を白い紙に移すと残像として色（黄色）が見える．この残像の色がもとの色の補色である．

例題 2

イエローとシアンのインクを同じ量混ぜると，何色になるか．それはなぜか？

解答

インクは光を吸収する物質なので，イエローとシアンは，白色光からそれぞれ補色である青と赤の光を吸収する．白色光があたったところから吸収されずに目に届く光は，光の三原色で考えると，緑の光だけである．したがって緑色に見える（図 12-3 の C と Y の重なり部分参照）．

12.2 身近な現象から光の原理を学ぶ

花火は特有な色の光をだす

夏の夜空を彩る花火のなかには，ナトリウム（Na），ストロンチウム

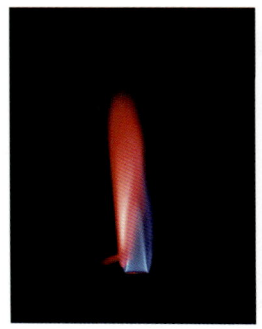

第12章 光は物質をどう変えるか

図 12-4 炎色反応（銅；上，ストロンチウム；下）と炎色反応を利用した花火

（Sr），カリウム（K），バリウム（Ba），銅（Cu）などの金属元素が含まれていて，それらが燃焼するときに特有な色の光をだしている．

これを実験的に示したのが**炎色反応**である（図 12-4）．上記の金属元素を含む物質を無色の炎（ガスバーナーなど）で加熱すると，それらの金属元素に特有の光がでてくる．古くから花火は，長年の経験に基づいて，この原理を用いてつくられてきた．

例題 3

ガス台で味噌汁がふきこぼれると，炎はどんな色になるだろうか．また，それはなぜか？

解答
味噌汁に含まれている塩化ナトリウムの炎色反応が起こり，オレンジ色になる．

炎色反応のしくみについて少し考えてみよう．いま塩化ナトリウムを加熱（エネルギーを加える）すると，気体中に飛びだしたナトリウム原

Na
食塩NaClは海水中のおもな成分
トンネル内のナトリウムランプ
銀色金属，水と激しく反応
ベーキングパウダー（炭酸水素ナトリウム）
ナトリウム 22.99
11 Sodium

ナトリウム（Na）

子は熱エネルギーを受け取り，なかに含まれる電子もエネルギーの高い状態になる．ところが，原子の構造を考えると，電子はエネルギーの低いところからとびとびの階段を上がるように，ある決まったエネルギーの高い状態にしか移ることができない．電子はすぐにもとの状態にもどるが，そのときあまったエネルギーを光として放出する．ナトリウムでは主として589.0 nm という決まった波長の光（黄〜オレンジ色）が放出される．電子がどのようなエネルギーを光として放出するかは元素によって決まり，リチウムは赤（670.8 nm），カリウムは紫の光（404.5 nm）をだす．

放出される光の波長は，とびとびの値をとることから，**線スペクトル**といわれ，元素の種類によってそれぞれ特有のかたちを示す．高温の物体から放出される光（**連続スペクトル**）とははっきりと違う．このように非常に狭い範囲の波長をもつ光のことを**単色光**という（図12-5）．

カリウム（K）

one point

レーザー光や炎色反応の光なども光の波長が決まっている単色光である．

図12-5　単色光が発生するしくみ
光の波長が短いほどエネルギーが大きい．

蛍光灯の蛍光とは何？

物質に熱エネルギーが与えられると，高いエネルギー状態になることを前項で紹介した．物質に光をあててエネルギーを与えても，これと同様な現象が起こる．もとの状態にもどるとき，一部が熱エネルギーとして失われ，光として放出されるエネルギーが小さくなるので，結果として放出される光の波長は，あてた光の波長より長くなる．このとき放出される光を「**蛍光**」というが，この原理を使った代表例は「蛍光灯」である．蛍光灯は水銀灯，ナトリウム灯，ネオン灯などの放電管の内壁に，硫化亜鉛（ZnS）にわずかだけほかの物質を加えた**蛍光物質**を塗布したものである．放電管内部で発生する紫外線（波長が短く，目には見えない光）を蛍光物質が吸収し，いろいろな長い波長をもった目に見える単

用語解説

蛍光物質

光（紫外線など）を吸収し，もとの光よりエネルギーの低い光（つまり，波長の長い可視光線）を発光する物質．

リンク

白色光に見えるのは，光の三原色に関連する．

第12章　光は物質をどう変えるか

色光が放出される．これが合わさって白色光に見える．

物質を熱すると光がでる

電熱器の電圧を上げていくと，まず暖かくなり，電熱線は次第に赤くなる（図12-6）．さらに温度を上げていくと熱くなり，色は赤→黄色→白と変化する．炭を加熱しても同じような温度と光の関係が見られる．そのときの光の色（波長）は物質の種類によらない．つまり，物体のもつ熱エネルギーが光となって周囲に放出されている（これを**熱放射**という）．低温では赤外線のみが放出されているが，500℃を超えると，赤外線に加え可視光線，さらには紫外線もというように，波長が短くエネルギーの高い光もだすようになる．

> **one point**
> **身近な赤外線**
> 赤外線にはものを暖める性質があり，電気コタツなどに利用されている．またテレビなどの家電製品のリモコンにも使われている．

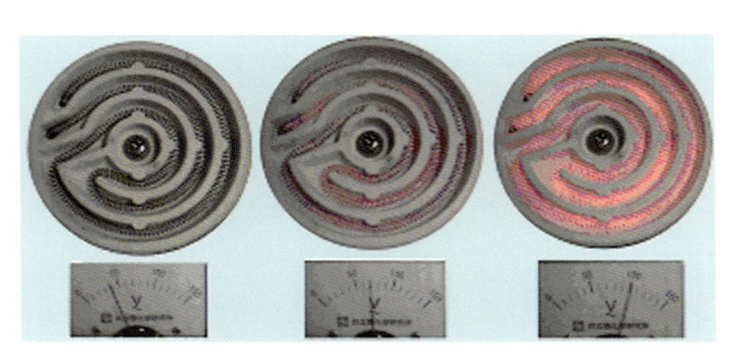

図12-6　電圧で色が変化するニクロム線

白熱灯では，周囲のものと反応しないアルゴン（Ar）の気体を入れて密閉した管のなかにタングステン（W）のフィラメントを入れ，電流を流して電気エネルギーで2500℃以上に温度を上げて光らせる．またロウソクの光は，ロウ（パラフィン）が燃えるときに発生する煤（炭素の細かい粒）が熱せられて光っているものである．高温の物体から放出される光のなかで，もっとも身近で存在感の大きいものが太陽光[*3]であろう．太陽の表面は約6000℃である．このような温度の高い物体からでる光の波長は，物質の種類にかかわらず，連続的に分布しており，その分布は温度によって変化する．

ところで，同じ明るさを得ようとした場合，広い波長の幅をもった可視光線（白色光）を放出する白熱灯に比べて蛍光灯は消費電力が少なく，熱の放出も少ないのが最大の利点である．また，蛍光灯と白熱灯では，波長の分布と波長の光の強さが違うことがわかる（図12-7）．

*3　太陽光は，熱放射による光と，含まれる元素に特有の光が混ざり合ったものである．もっとも強いのは黄色い光（波長620 nm）だが，すべての可視光線を含む白色光とみてよい．太陽も恒星の一種であるが，空にある星がいろいろな色に光っているのは，表面温度に違いがあるからである．

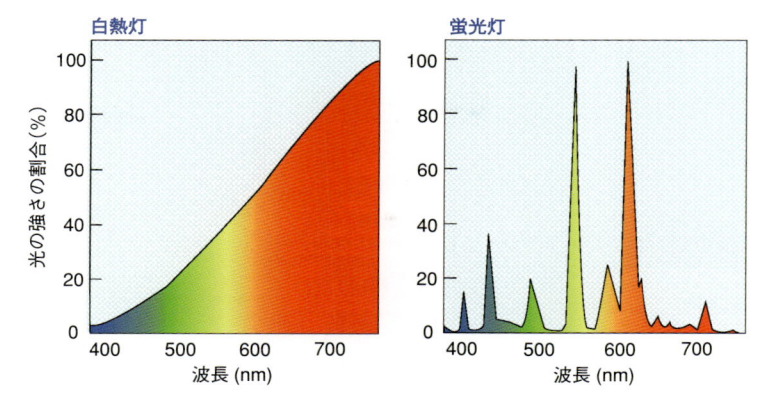

12.2 身近な現象から光の原理を学ぶ

図 12-7　白熱灯と蛍光灯の光の分布の違い

効率のよい発光ダイオード

電気エネルギーを光に変える例として，フィラメントに電流を流し，熱を発生させて温度を上げたり，真空中で放電させて電子を原子や分子にぶつける，といった方法を紹介してきた．もっと効率よく光に変えることはできないのだろうか．これを可能にする一つの技術が，半導体を使った**発光ダイオード**（LED）である．

LEDは，同じ量の光を生みだすのに，白熱灯の約1/8，蛍光灯の約1/2の電力でよい．さらには，発熱量が少ない，寿命が長いという利点から，最近は電光掲示や信号機にまで使われるようになってきた（図12-8）．発生する光の色，すなわち波長は放出される光のエネルギーに関係しており，それはLEDを構成する化学物質の性質で決まる．赤や緑を発するLEDはすでに開発され，古くから実用化されてきた．光の三原色の残る一つの青色は，波長が短くエネルギーが高いため，明るいものはなかなか実現せず，その開発は長年の夢であった．そんななか，とうとう日本の科学者によって，窒化ガリウム（GaN）という物質を用いて実用化の途が開かれたことは，近年の科学上のトピックスの一つとして有名である．

ホタルの光から学ぶ

次にホタルの光について考えてみよう．ホタルは暗闇のなかで光る昆虫で（**生物発光**という，図12-9），たとえば日本産のヘイケボタルは560〜565 nmをピークとする幅広い波長の光（黄緑色）をだすことがわかっている．オスの尻の部分が光り，同じ種類のメスをひきつけるシグ

用語解説

発光ダイオード

純度の高いケイ素（シリコン）にわずかな量の添加物質を加えてつくった，−の電気（電子）をもつn型シリコンと＋の電気（正孔）をもつp型シリコンをくっつけると，一方から電流を流したときだけ，−の電気（電子）と＋の電気（正孔）が接合した面に移動，中和して電荷が消滅する．このときに放出されるエネルギーの一部を光として取りだすのが発光ダイオードである．このしくみをうまく使い，逆に，光をあてると電気エネルギーを取りだせるようにしたのが太陽電池である．

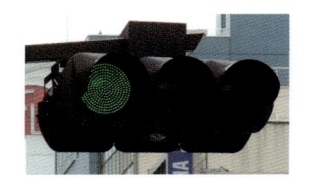

図 12-8　青色 LED を利用した信号機

第12章　光は物質をどう変えるか

図 12-9　ホタルの光は超省エネ

図 12-10　人工的につくったホタルの光

ナルとなっており，交尾し子孫を残すために大切な役割を果たしている．

ホタルの発光にはホタルルシフェリンと ATP という物質とルシフェラーゼという酵素が重要なはたらきをしている．ホタルルシフェリンに ATP が作用して，その一部分が残る．これがまるで引き金のようにはたらき，ホタルルシフェリンが周囲の酸素によって酸化され，そのとき放出されるエネルギーが光になる．酵素であるルシフェラーゼはその反応を助ける．これは熱がほとんどでない「熱くない光源」である．

このホタルの光るしくみを詳しく研究して，人間の手で自由自在にホタルルシフェリンを光らせることに成功している（図 12-10）．このようなことを可能にするのも化学の力である．

人工的に光をつくる

ホタルのように自然の不思議な力を借りずに，人間の考えた物質を組み合わせて化学変化を起こさせ，光を取りだす方法はないものだろうか．みなさんは，腕輪をポキッと折ると，青色や緑色に鮮やかに光るおもちゃで楽しんだ経験をもっているかもしれない．このおもちゃには，ある物質を反応させて人工的に光らせるしくみが隠されている（図 12-11）．

簡単な実験で，この化学の光（**化学発光**という）を実際に見ることができる．まずシュウ酸エステル，過酸化水素（H_2O_2），そして実際に光を発する第三の物質を用意する．光のエネルギーの大もとは過酸化水素（酸化剤）とシュウ酸エステル（還元剤）との酸化還元反応で，二つの

用語解説

ATP

ATP とは，アデノシン 5'-三リン酸と呼ばれる．生体の反応のエネルギーをたくわえている物質．

リンク

ここでも第11章で述べた酸化反応が重要なはたらきをする．

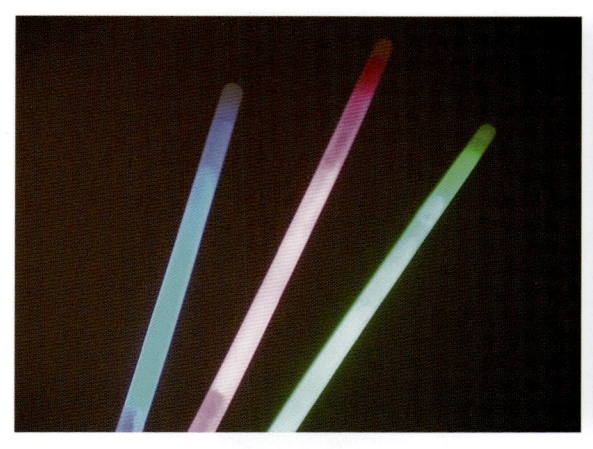

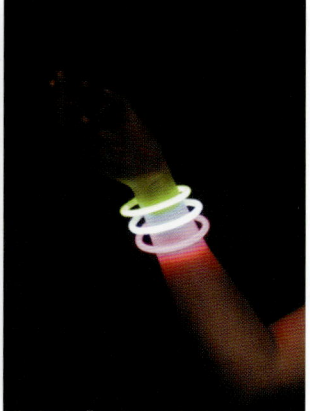

図 12-11 化学発光を利用した商品

二酸化炭素（CO_2）ができる反応である．このシュウ酸エステル分子は両側から強く引っ張られているような構造で，中心部に過酸化水素が飛びこみやすい．その結果生じる物質は分子のなかにエネルギーをためこんだ状態になる．これが二つの二酸化炭素に分裂するが，そのとき放出されるエネルギーは一部しか熱として放出されず，残りのエネルギーが反応容器のなかに入れてある第三の物質に与えられ，その物質に特有の光が発生する．ペリレンという物質が入っていれば，水色の光[*4]が観察される．

生物発光や化学発光は，化学変化に伴うエネルギーの変化がうまく光に変わり，一方，熱エネルギーの放出が非常に少ない．つまり「熱くならない」というのが大きな特徴である．

*4 加える物質によって光の色を変えることができる．たとえば，ナフタセンという物質は黄緑に，ローダミンBは赤に，エオシンYはオレンジに光らせることができる．

12.3 物質が光を吸収すると…？

物質の色はどのようにして決まるか

どの波長の光を吸収するかで，物質の色が決まることを学んだ．では，どうして物質が特定の波長の光を吸収するのか考えてみよう．ナトリウム原子（Na）にエネルギーを与えたとき，電子が決まった大きさのエネルギーを放出，つまり決まった波長の光が放出されることを，前節で述べた．実は逆に物質が光を吸収するときも，電子が決まった大きさのエネルギーしか受け取れない．つまり，特定の波長の光を吸収することになる．

リンク
二重結合については第7章で少し述べたが，炭素原子は炭素どうしやほかの原子と複数の手でつながって共有結合をつくることができる．

第12章 光は物質をどう変えるか

色をもつ物質にはどんな特徴があるのだろうか．まず，オレンジ色のニンジンに含まれている β-カロテンの構造を示す（図12-12）．一つおきに二重線（**二重結合**という）が11個つながっているのが特徴である．このとき，青色（480 nm付近）の光を吸収するため（赤と緑は反射される），私たちには補色である美しいオレンジ色（赤と緑が混ざった色）に見える．

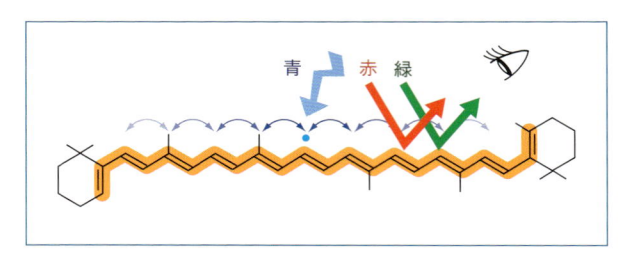

図12-12 ニンジンはなぜオレンジ色に見えるか

次に天然色素の構造を見てみよう（図12-13）．これらの物質は有機化合物であり，炭素（C）と水素（H）を主にして，酸素（O）や窒素（N）を含む．よく見ると，やはり二重結合が一つおきに存在している．19世紀のなかば，イギリスのパーキンが最初の合成染料（モーブ，紫色）を見つけたことをきっかけに，石炭から化学反応の産物として，多数の合成色素がおもにドイツでつくられた．一例として，実験室でもつくれるようなパラレッドという化合物を図12-13に示したが，これも同じように二重結合が一つおきにつながった特徴的な構造をもっている．

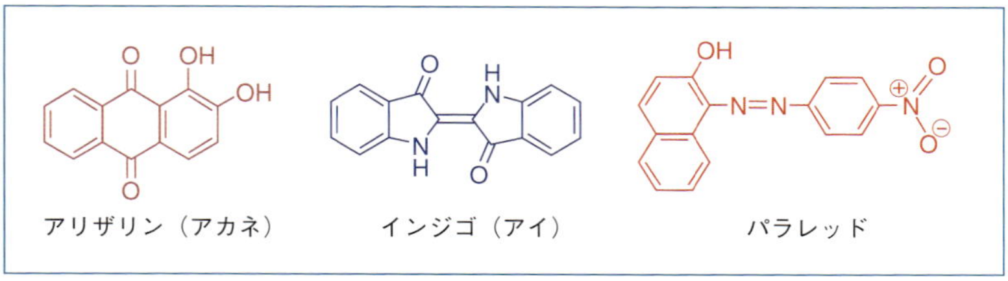

アリザリン（アカネ）　インジゴ（アイ）　パラレッド

図12-13 色素の色と分子の構造

一方，古くから，カドミウムイエローや群青などの絵の具や，さらには朱肉（硫化アンチモン）などが知られている．これらは無機化合物であり，炭素の二重結合は含まれていないが，金属原子を含む物質に光があたると，電子が決まった大きさのエネルギーを吸収する．このとき，

one point
二重結合がカギ

それぞれの二重結合は，単独では紫外線の領域の光を吸収するが，二重結合が一つおきにたくさんつながると，多数の原子が同一平面上に並び，電子が自由にいききしやすくなるので，可視光線を吸収するようになる．二重結合の数の違いにより吸収する波長が異なるため色も違う．私たちの視覚のしくみにも多数つながった二重結合が大きな役割を果たしている．網膜に存在するレチナールという分子が光を吸収して形が大きく変化し，それがシグナルとして視神経に伝わり，ものが見える．

パーキン
イギリスの化学者（1838〜1907）．18歳のときに合成染料を発明した．当時，染料は天然のものしかなくたいへん高価であったが，彼の発明により安価に製造できるようになった．

エネルギーの高さが可視光線の波長に相当しているので，特定の色が見える．たとえば，湖沼など天然の水が青や緑や黄かっ色に着色しているのも，それぞれ金属イオンであるCu^{2+}やNi^{2+}やFe^{3+}が水に溶けているからであることが多い．人間の肌色も鉄を含む物質の色である．また，窓ガラスは可視光線領域をほとんど吸収しないので，無色透明である．

12.4 光を化学エネルギーに変える

光を使う植物の巧妙なしくみ

植物は，太陽の光エネルギーを源にして，二酸化炭素（CO_2）と水（H_2O）を，より複雑な化合物である糖に変えて体内にたくわえている．これを**光合成**という．このとき，水の酸素原子の一部が酸素（O_2）となって放出される．最近，地球の大気中にあるO_2は，植物（藻類）が30億年以上かかって，この光合成でつくりだしたものだといわれている．

$$6CO_2 + 6H_2O \longrightarrow C_6H_{12}O_6 + 6O_2$$

炭水化物（CH_2O）というかたちの分子の部品がいくつか結合して糖ができる．たとえば，六つ結合したものがブドウ糖（グルコース）という糖の一種で，人類をはじめとするほとんどすべての生物が栄養源として生命活動に用いている．

地球上では，年間10^{17} kcal のエネルギーが光合成によりたくわえられ，10^{10}トン以上の炭素原子を糖に変えている．

光合成できる酸素（O_2）は水分子のなかの酸素（O）から生じたものであり，二酸化炭素（CO_2）からのものではない，ことが20世紀前半の研究でわかってきた．光合成で酸素が発生することが初めて見いだされてから約160年後のことである．

$$2H_2O \longrightarrow 2H_2 + O_2$$

この反応は水を**電気分解**するときの反応と同じであるが，植物には電気もないのにどうして反応が起こるのだろう．ポイントは，植物体内にある葉緑体という精密な器官のなかにある．葉緑体に含まれているクロロフィルは天然色素の一つで，その分子は二重結合が一つおきに連続した構造をしている．植物ではたくさんのクロロフィル分子が共同して，弱い光があたっても光を集めることができる巧妙なシステムがはたらい

用語解説

光合成
合成とは単純な物質からより複雑な物質をつくることである．光合成は，炭酸同化，または二酸化炭素固定ともいう．

リンク
水の電気分解については第11章でふれた．

one point

植物が緑色に見えるわけ
植物が緑色に見えるのは，内部に含まれているクロロフィルという色素が紫〜藍，赤に相当する波長の光を吸収するため，その結果「補色」の緑色になる．

さて，水から酸素原子を取りだすしくみは，クロロフィル分子が光を吸収して得られた化学エネルギーが水に作用し，酸素原子が酸素分子（O_2）になることによって起こる．このあとにも植物の巧妙で精緻な光合成のプロセスが続くのだが，本書の範囲を超えるので割愛する．太古の昔，植物が誕生し，その光合成によって原始地球の大気中に酸素が満たされ，現在のバランスのよい地球環境ができあがったともいえる．

COLUMN　身の回りの花の色

　身の回りでもっとも多彩で，しかも心をなごませてくれるのは花の色だろう．赤から青にいたる，さまざまな色に変化するアントシアン系色素はアジサイに含まれており，実験室で簡単に取りだすことができる．この物質も二重結合が一つおきにつながっているが，実はいつでも同じ波長の光を吸収するのではなく，周囲の pH や金属イオンの濃度で，色がさまざまに変化する．このため，花の色は微妙で美しい変化を示す．

　酸，アルカリの中和実験で指示薬として使うフェノールフタレインも pH で大きく構造が変化するが，酸性では無色，アルカリ性では赤色を示す．アルカリ性になると，二重結合がたくさんつながって，可視光線を吸収できるかたちになるからである．

COLUMN 身近にある放電管

単色光の原理は，トンネルの照明に使われているナトリウム灯として，利用されている．消費電力が少ないのが大きな利点である．電極の間で，真空中を電子が移動する際，ナトリウム原子に電子が衝突してエネルギーが与えられる．温度が上がってくると，ナトリウム金属がどんどん蒸発しオレンジ色が強くなる．この光で見ると，手のひらの血管が浮きだして見えるなど，何でも奇妙な色に見えてしまう．一方，水銀だけを封入したものからは，254 nmという波長の短い紫外線がでてくるが，この光は細菌などを殺すはたらきがあることから，殺菌灯として利用されている．身近にある水銀灯やナトリウム灯，ネオン灯などは，特有の波長を発生する放電管である．

章末問題

1 ルミノールという物質が酸化されると，エネルギーの一部を青色の光として放出するが，ヘモグロビンという物質が微量でも加わると，非常に起こりやすくなる．この反応はどんなことに応用できるだろうか．

2 光合成では $2H_2O \rightarrow 2H_2 + O_2$ という反応で酸素が発生する．水素原子はどこへいったのだろうか，調べてみよ．

3 A子さんは家電量販店のアルバイトに遅刻しそうになり，あわてて地下鉄の電車のなかで顔の化粧をした．ところが，会場についてみると，周囲のスタッフたちはA子さんの顔色を見て驚いた．一体何が起こったのだろうか．蛍光灯のスペクトルと色から考えてみよ．

4 ルシフェラーゼとホタルルシフェリン（p.156参照）だけを準備して，ここにもし大腸菌など，ATPをつくるものがわずかでも混入すると鋭敏に光る．この現象は，どんな用途に利用できるだろうか．

5 トマトは真っ赤な色をしているが，どんな構造をもつ色素が含まれているかを調べ，トマトが青色にならない理由を考えてみよ．また，ニンジンの色素との関係も調べてみよ．

◆ 接頭語および単位の換算例 ◆

memorandum

【単位につける接頭語】

読み方	記号	数値表示	指数表示
ギガ	G	1,000,000,000	10^9
メガ	M	1,000,000	10^6
キロ	k	1,000	10^3
ヘクト	h	100	10^2
デカ	da	10	10^1
—	—	1	10^0
デシ	d	0.1	10^{-1}
センチ	c	0.01	10^{-2}
ミリ	m	0.001	10^{-3}
マイクロ	μ	0.000001	10^{-6}
ナノ	n	0.000000001	10^{-9}

【長さ】

1 km = 1000 m

1 μm = 10^{-6} m

1 nm = 10^{-9} m

【質量】

1 kg = 1000 g

【圧力】

1 atm = 1013 hPa = 1.013×10^5 Pa

【体積】

1 dm^3 = 1 L

1 cm^3 = 1 mL

1 L = 1000 mL = 1000 cm^3

【エネルギー】

1 cal = 4.184 J   1 kcal = 4.184 kJ

【温度】

0 K = −273.15 ℃

$T(K) = \theta(℃) + 273.15$

あとがき

　「化学を楽しみながら学べる，化学がよくわかる本をつくりたい．同じことが繰り返しでてきてもよいが，新しい見方を取り入れた違う方法で説明していきたい．考えるすじ道を示し，だんだん詳しくしかも自分の力で考えられるようにしたい．そして，化学と自然や生活とのかかわり合いを重視しながら，最先端の化学の成果へとつながるようにしたい」これがわれわれ「グループ・化学の本21」の基本的な考えであった．

　その趣旨に沿って，この「化学」三部作（入門編，基礎編，発展編）は企画された．「入門編」では，身近な現象をとらえ，暮らしのなかの物質を探る手伝いをする．「基礎編」では，化学の基礎をしっかり学びながら，物質とその変化のしくみが，身の回りから最先端の化学へとつながることを理解できるようにする．「発展編」では，さらに化学の基礎的な理解を深めるとともに，少し高度な最先端の化学にもふれながら，化学という学問の広がりをみていく．この三部作はそれぞれ独立しており，どんな学生でもそれぞれのレベルに合わせて「化学の世界」を一通り学べるように工夫されている．

　この「入門編」は，これまで化学をあまり詳しく学んでこなかった人のための教科書である．まず，なるべく身の回りに見られる物質や現象を扱うようにした．式や計算もなるべく少なくした．さらに，覚えなければならないことも極力避けるように心がけた．では，どのようにして学べばよいか．まずこの本をじっくり読んで，すじ道に沿って考えてほしい．そうすれば，おのずと「化学の見方，考え方」が身につくはずである．物質に対する興味がわけば，身の回りにある物質を化学の考え方で見ることができるようになるからである．

　この本の各章は，大学の90分の講義で進むくらいの内容を含んでいる．12章構成になっているので半期の講義に最適である．また，本書にはカラーの図版や写真が随所に使われている．カラーを用いることで，これまでの1色や2色刷りでは伝えきれなかった情報をうまく伝えたいと思ったからである．ほかにもいろいろ工夫をこらしてつくってある．そのことによって，初めの意図であった「考える力をはぐくむ」教科書に少しでもなっていれば，本書を企画・編集した者としてこれに勝る

喜びはない．

　本書を読んでとくに興味をもったところについては，今後刊行が予定されている姉妹編の「基礎編」や「発展編」の教科書を一読されることをお勧めする．これらの教科書では，ほとんど同じ内容を，自然の法則を多く使ってもう少し詳しく説明している．

　本書を刊行するにあたっては，多くの方がたのご協力を得た．とくに，田丸謙二博士（東京大学名誉教授），細矢治夫博士（お茶の水女子大学名誉教授），伊藤　卓博士（横浜国立大学名誉教授）には，趣旨に賛同していただき，多くのご指摘ご教示と温かい励ましをいただいた．また化学同人編集部長の平　祐幸氏にはたいへんなご苦労をおかけしつつ刊行にこぎつけることができた．厚く感謝申しあげる．

　2007年春

　　　　　　　　　　　　　　　　　　　　　　　　編集幹事　永澤　　明

用語解説

あ

圧力　気体の粒子が飛び回ってぶつかり，容器の壁を外に押し返す力をいう．

アノード　物質の酸化反応が起こる電極．電池では－極，負極を，電気分解や放電管では陽極をいう．

アボガドロ数　アボガドロ定数の数値，6×10^{23} をいう．

アボガドロ定数　物質量1 molに含まれるその物質の粒子（原子や分子など）の個数．単位は/mol．すべての物質に共通である．

アモルファス　非晶質ともいう．

アルカリ　塩基のうち水に溶けるものをいう．その性質をアルカリ性という．

アルカリ金属　水素（H）を除く，リチウム（Li），ナトリウム（Na），カリウム（K）などの1族元素をいう．いずれの元素も反応性が高い．

アルカリ土類金属　ベリリウム（Be），マグネシウム（Mg）を除く，カルシウム（Ca），ストロンチウム（Sr）などの2族元素をいう．

イオン　電荷を帯びた原子や分子をいう．正電荷（＋）を帯びたものを陽イオン，負電荷（－）を帯びたものを陰イオンという．

イオン化傾向　金属には陽イオンになりやすいものとなりにくいものがある．金属の陽イオンへのイオン化のしやすさをいう．

イオン化列　金属のイオン化のしやすさを序列化したもの．

イオン化　原子から電子がでたり，原子に電子が入ったりして原子がイオンになること．

イオン結合　陽イオンと陰イオンが静電的引力によって結びつくこと．

一次電池　放電後に再使用できない使い捨ての電池．マンガン乾電池やリチウム電池など広く使われている．

色の三原色　シアン（C），マゼンタ（M），イエロー（Y）をいい，この三色を混ぜることによって多彩な色をだせる．カラープリンターやコピー機のインクはこの三色と黒（Bk）で表示されている．

陰イオン　負電荷を帯びたイオン．

陰極　電気分解の場合，電池の負極（－極）と接続する電極をいう．電子を受け取って還元反応が起こる．

液晶　固体と液体の中間状態で，粒子がある方向には規則正しく並んでいるが，別な方向には不規則な状態になっている物質．

液体　粒子はかなりぎっしり詰まっているが，その集合状態は固体よりも不規則で，粒子はたえず動いている．

塩　中和反応によって，水とともに生成する物質．

塩基　水素イオンH^+を受け取る物質．その性質を塩基性という．

塩橋　二つの電解質溶液を混ぜ合わせることなく，イオンだけ通して電気的につなぐ役割をする．

炎色反応　ナトリウム，ストロンチウムなどの金属原子やイオンを加熱すると，特有の色の光をだす．これを炎色反応という．

オクテット構造　アルゴン（Ar）のように，最外殻に電子が8個存在している電子配置をいう．このような電子配置は安定である．

温室効果　空気中の水蒸気や二酸化炭素のように，地表から宇宙に放出される赤外線を吸収して空気を暖める効果．この性質をもつ気体を温室効果ガスという．

温度　物質を構成する粒子（原子や分子など）の平均の運動のエネルギーを表す尺度．粒子の運動が激しくなると，その物質の温度は上がる．

か

化学式　物質を元素記号と数字を使って表した式．この式からどのような原子がどんな割合で結合しているかがわかる．水の化学式はH_2Oで，水素原子2個と酸素原子1個から構成されている．

化学反応　原子の組み換えが起こる物質の変化．単に反応ともいう．

化学反応式　物質の化学反応に関する道すじを，化学式を使って論理的かつ簡潔に表す手段．

核分裂　原子核がより小さな2個の原子核に変わること．

核融合　小さな原子核2個が合わさってより大きな原子核に変わること．

化合物　水，塩化ナトリウムなど，二種類以上の元素からなる純物質．

可視光線　光の波長が約400～760 nmの，私たちの目に見える光．

価数　たとえば，Na^+の右肩の＋は，1＋という意

用語解説

味で，この1を価数という．Na^+ は1価の陽イオンを表す．

カソード　物質の還元反応が起こる電極．電池では＋極，正極を，電気分解や放電管では陰極をいう．

価電子　もっとも外側の電子殻（最外殻という）にある電子をいう．原子価電子ともいう．

価標　結合を示すとき，原子内の最外殻に存在する電子1個をドット"・"で表すことがある．この電子2個（1対）"："でできる共有結合を―で表すが，この―を価標という．この価標を使って分子を表したものが構造式である．

還元　電子を取り込むこと，つまり相手から電子を受け取ること．

還元剤　相手を還元することができる物質．つまり，酸化されやすく，電子を放出しやすい物質．

還元力　電子を与える強さのことで，還元力の強い物質は相手に電子を与えやすい．

希ガス　周期表の18族（一番右側）の元素群をさす．複数の原子からなる分子や化合物をほとんどつくらない．

希ガス電子配置　電子を受け取ったり，放出したりすることのない安定な電子配置．

気体　粒子がばらばらな状態で存在し，粒子間の距離が非常に大きく，粒子は空間を自由に飛び回っている状態．

気体の溶解度　一定の温度で，1気圧の気体が溶媒（水）1 mL に溶ける質量をいう．

起電力　二つの電極間に電流を流そうとする力．電池では，電子を与えようとする負極と，電子を受け取ろうとする正極との間の電位の差をいう．

吸熱反応　熱化学方程式で，熱量の値がマイナス（－）で表される反応．

強塩基　水溶液にするとほとんど完全に電離する塩基．強塩基の水溶液には OH^- が多く含まれている．

凝固　液体から固体に状態変化が起こること．

凝固点　液体が固体になる温度．

強酸　水溶液にするとほとんど完全に電離する酸．強酸の水溶液には H^+ が多く含まれている．

凝縮　気体から液体に変わること．

強電解質　大部分の分子が水溶液中で電離している化合物．

共有結合　二つの原子が最外殻にある電子を共有し合って結びつき，見かけ上どちらの原子も安定な希ガスの電子配置をとる．

金属　電気や熱の伝導性，光沢，延性や展性などの性質をもつ物質．多くは分子という単位をもたず，原子がそのまま集まって物質を形づくっている．

金属結合　自由電子を金属原子全体で共有することによって，原子どうしが強く結びついている結合．

金属元素　マグネシウム，鉄，アルミニウムなどの，単体が金属としての性質をもつ元素．

金属のイオン化　金属が電子を失って金属イオンになること．酸化の一種．

クーロン力　電荷をもつ物質どうしにはたらく力．同符号どうしならば反発力，異符号なら引力となる．これを静電的引力ともいう．

蛍光　紫外線などの波長の短い光を物質にあてると，光は吸収されて，もとの光より波長の長い光をだすことがある．この光を蛍光という．

結合　原子と原子の結びつきを結合という．自然界や身の回りにある物質は多様な原子のいろいろな結合のしかたによってできている．

結晶　粒子が規則正しく集合している固体をいう．

原子　物質を構成するもっとも基本的な粒子．元素とは違って，その粒子の実体そのものをさす．原子は，陽子と中性子と電子から構成されている．

原子核　陽子と中性子という粒子から構成され，原子の中心に位置する．

原子番号　原子の種類を区別する番号で，原子核の陽子の数に一致する．

原子量　元素の平均的な質量を表したもの．正しくは相対原子質量という．各元素の原子量は ^{12}C の値を12として，その基準に対する相対値として求める．

元素　物質は何からできているかという，その種類に着目して述べるときに使う用語．原子との違いに注意．「原子の種類」といい換えることができる．

元素記号　元素をアルファベット1文字，あるいは2文字で表した記号．

合金　いくつかの種類の金属が混ざったもの．

構造式　構成元素の数だけではなく，原子どうしがどのように並び，結びついているかを表した式．

高分子化合物　多数の原子が結合して連なった分子．ポリマーともいう．プラスチックもその一種．

固体　粒子ができるだけ近くにぎっしり集まった状態をいう．固体では，気体や液体に比べて粒子が密に詰まっている．したがって，一般的には液体，気体よ

り密度が高い．

コロイド　1〜1000 nm 程度の大きさの物質が微粒子となって散らばっているもの．

混合物　二種類以上の物質が混ざったもの．

さ

最外殻　もっとも外側の電子殻をいう．

最外殻電子　もっとも外側の電子殻にある電子．

酸　水素イオン H^+ を放出する物質．その性質を酸性という．

酸化　電子を失うこと，つまり相手に電子を与えること．

酸化還元反応　酸化と還元が同時に起こり，反応する物質の間で電子のやりとりを行う反応．

酸化剤　相手を酸化することができる物質．つまり，還元されやすく，電子を取り込みやすい物質．

酸化物　単体（金属など）や化合物と酸素とが結合してできる物質．

酸化力　電子を奪い取る強さのことで，酸化力の強い物質は相手から容易に電子を奪い取ることができる．

三重点　状態図で三つの状態（固体，液体，気体）が共存できる温度と圧力．水の場合は，0.0006 気圧で 0.01℃の点が三重点である．

酸性雨　雨には空気中の二酸化炭素が溶け込んで，pH が 5.6 程度になっている．これにさらに酸（硫黄酸化物や窒素酸化物などによる）が溶け込んで酸性となり，pH が 5.6 以下になったものをいう．

酸性度　酸の強さのことで，pH の値で表す．pH の値が小さいほど，酸性度は増す．

式量　NaCl などは分子ではないので，分子量の代わりに式量を使う．物質の構成を表す化学式（組成式という）の各原子の原子量をたし合わせたもの．

質量　物体の量を示し，たとえばグラム（g）という単位で表される．

質量数　陽子と中性子の数をたしたもので，この数によって同位体を区別できる．

質量パーセント濃度　溶液中に含まれている溶質の質量の割合を，溶液全体の質量のパーセント（%）で表した濃度．

周期表　元素をある規則に従って並べた表．縦の列を「族」と呼び，横の行を「周期」という．

充電　電池の電極に逆向きの電流を流し，電池内で逆に化学反応を起こさせて放電前の状態にしてやること．

自由電子　金属全体のなかを自由に動き回っていて，どの原子にも所属していない電子．この自由電子が電気を流すなどの金属の特徴を引きだす役割をしている．

重量　重さともいい，物体の量ではなく，その物体にはたらく力に関係する．物質に対する地球からの引力（重力）の強さに比例するもので，質量とは違う．

純度　物質全体の質量に占める純物質の質量．

純物質　単一の物質からできているもの．構成粒子のどれをとっても化学的に同じ性質を示す．

昇華　固体から気体に変わること．

蒸気圧　液体の上の空間では，常に液体が蒸発しており，その気体が共存している．その気体の圧力を蒸気圧という．

状態図　固体，液体，気体の三つの状態の関係を物質の温度と圧力で表した図．

蒸発　液体から気体になること．気化ともいう．

蒸発熱　水を例にとると，液体の水がすべて蒸発して気体の水蒸気に変わるまでに，加えられた熱エネルギーをいう．

蒸留　混合物の液体を沸点まで加熱して，蒸気を冷やすことである物質の液体だけをとりだし（分離），きれいにする（精製）方法．

浸透圧　純粋な水と溶液を半透膜で隔てたとき，水が半透膜を通して溶液のほうに移動しないように溶液側に加える圧力をいう．

水素イオン指数（pH）　$pH = -\log_{10}([H^+]/M)$ と定義される．水素イオンのモル濃度（$[H^+]$）の指数部分の値にマイナス（−）をつけたもの．

水素結合　電子配置に偏りがある水分子では，水素原子核（＋）が近くにあるほかの水の酸素原子（−）からも静電的引力で引かれるため，水分子どうしが結合する．これを水素結合という．

水溶液　水を溶媒とする溶液．溶媒の水と溶けている粒子（溶質）を合わせた均一な混合物．

水和　水溶液中で溶質である分子やイオンの周囲に，数個の水分子が静電的引力などで結びついて一つの集団を形成する現象．

正極　負極から外部の導線を通って電子を受け取り，還元反応が起こる電極をいう．＋極，カソードともいう．

生成物　反応の結果できた物質で，化学反応式の

用語解説

──→の右側に書く．反応後．

静電的引力 陽イオンと陰イオンが引き合う力．クーロン力ともいう．この力によりイオンどうしが結びつき（イオン結合という）化合物ができる．

析出 溶液を冷やしたり熱を加えて濃縮したときに，溶液から溶質が固体となって現れる現象．

絶対温度 温度の最低限界の絶対零度（−273℃）を基準にして目盛った温度．絶対温度の単位はケルビン（K）である．1Kの温度差は1℃と同じ．

絶対零度 −273℃をさし，物質を構成している粒子の運動がまったく止まってしまう仮想の温度．

セルシウス温度 1気圧の状態で水の凝固点を0℃，沸点を100℃として，その間を100等分したものを1℃と定義した温度．

組成式 化合物を構成している原子の種類と数の比を示した化学式．

ソックス 大気汚染に関係する硫黄酸化物（硫黄と酸素からできている物質）をいう．SO_xと表す．

た

大気圧 大気（空気）の圧力をいう．1気圧は1013 hPaである．高い山では空気がうすく大気圧は小さくなる．

多原子イオン 複数の原子が集まったものが一種類のイオンをつくっているもの．たとえばNH_4^+，SO_4^{2-}，NO_3^-など．

単位 質量，長さ，体積などの物理量を測定するときの基準をいう．たとえば，密度の単位はg/cm^3である．

単原子イオン 一つの原子からできているイオンをいう．たとえば，Na^+やCl^-など．

単原子分子 ネオンやアルゴンなど，希ガスと呼ばれる元素は，原子が結びつくことなく単独で分子としてふるまう．これらを単原子分子という．

単色光 非常に狭い範囲の波長をもつ光をいう．レーザー光，発光ダイオードの光，炎色反応の光などは単色光である．

単体 水素，酸素，鉄など，一種類の元素からなる物質．

抽出 混合物から目的成分を溶かしだして分離する方法．

中性 (1) 酸性でも塩基性でもない性質．(2) 電気的には陽性（＋）でも陰性（−）でもない，電荷をもたない性質．

中性子 原子核を構成する粒子の一つで，電荷をもたない．質量は陽子とほぼ同じ．

中和 酸と塩基を混合すると，酸性を示すH^+と塩基性を示すOH^-が反応して水となり，それぞれの性質はなくなる．この反応を中和という．

チンダル現象 微粒子にたとえばレーザー光をあてると，光が微粒子で散乱して，横から見ると光の通路が明るく輝いて見える現象．

電位 電子を流しだそうとする能力のこと．電流（電子の流れと逆向き）の方向と合わせるため，電子を流しだそうとする能力の高い物質ほど負になる．

電荷 原子や電子などがもっている電気量．正電荷（＋）と負電荷（−）の二つの状態がある．

電解質 水に溶けてイオンが生じる物質．電気を通す性質をもつ．

電気分解 外部から電流を流すことによって電子の移動を起こせ，強制的に酸化還元反応を起こさせる方法．電池とは逆の操作である．

電極 電池に使われる金属や炭素など，電気を通す物質．負極と正極がある．

電子 原子核のまわりを回っている負の電荷（−）をもった粒子．

電子殻 原子核のまわりにはタマネギの内皮のような同心球状に電子が収まる空間がある．これを電子殻という．

電子配置 原子のなかで電子は勝手に飛び回っているのではなく，それぞれ決まった居場所（電子殻）があり，そこに収まる．その電子の収まり方を電子配置という．

電池 酸化還元反応を利用して，化学エネルギーを電気エネルギーに変える装置．

電離 電解質が溶液中でイオンに分かれる現象．塩化ナトリウム（NaCl）は，Na^+とCl^-に電離する．

同位体 同じ種類の元素で中性子の数の違う原子．同じ原子なので，化学的性質は同じだが，原子の質量だけが違う．

同素体 同じ種類の元素からなる単体で，その性質が異なるもの．たとえば，ダイヤモンドと黒鉛は炭素（C）の同素体．

透析 半透膜でコロイド粒子をこし分けて精製すること．

な

ナノメートル　nm という記号で表し，10億分の1 m を意味する．10^{-9} m．

二次電池　繰り返し充電や放電ができる電池．自動車に使われる鉛蓄電池や携帯電話のリチウムイオン電池はその代表である．

熱　1個1個の粒子のもつ熱エネルギーの総和．

熱運動　物質を熱すると，粒子の運動が激しくなるが，これを熱運動という．

熱エネルギー　構成粒子の不規則な動きに基づく運動のエネルギー．

熱化学方程式　化学反応式にその反応で発生する熱量を右辺に書き加えて，表示したもの．数値を含むので⟶ が＝に変わる．発熱は＋，吸熱は－となる．

熱放射　物体のもつ熱エネルギーが光となって周囲に放出されること．この光が物質に吸収されればその物質が暖まる．電気やガスストーブはこの原理に基づく．

濃度　混合物において，ある成分が全体に占める比率をいう．たとえば溶液中では，溶液（溶媒＋溶質）に含まれる溶質の量を表す．

ノックス　大気汚染に関係する窒素酸化物（窒素と酸素からできている物質）をいう．NO_x と表す．

は

白色光　ふだん私たちが見ている，さまざまな波長の光が入り混じった複合的な光．

パーセント　全体を100として割合を表す単位．% という記号で表される．百分率ともいう．

発熱反応　熱化学方程式で，熱量の値が＋で表される反応．

半透膜　セロハンのような，目には見えない細かい孔があいた膜．微小な粒子をこし分けるときに使う．

反応物　反応する物質で，化学反応式の⟶ の左側に書く．反応前．

pH　ピーエイチと読む．水素イオン指数ともいう．

pH 指示薬　色素の溶液が pH の値によって異なる色を呈するという性質を利用したもの．

ppm　全体の100万分の1の質量を単位として表した濃度表示．

ppb　全体の10億分の1の質量を単位として表した濃度表示．

光の三原色　赤（R），緑（G），青（B）をいい，これらを適当な割合で混ぜるとあらゆる光の色をだせる．

非金属元素　窒素（N），酸素（O），硫黄（S）などの，単体が金属としての性質をもたない元素．

比重　固体や液体の密度を水の密度（1.0 g/cm³）と比較した値．比重が1より小さい物質は水に浮く．

非晶質　固体でも粒子の集合状態が不規則なものをいう．アモルファスともいう．ガラスがその代表である．

比熱　物質の一定質量（1 g）を一定温度（1 ℃）上昇させるのに必要な熱エネルギー．

表面張力　液体にはその表面積をできるだけ小さくしようとする力がはたらく．これを表面張力という．水滴が球形になろうとするのはこの力による．

負極　酸化反応が起こり，電子を導線に放出する電極をいう．－極，アノードともいう．

不対電子　共有結合では，電子2個が対になって二つの原子間に共有され結合をつくる．結合に参加しない電子も対をつくることがあるが，対になれず単独で存在する電子を不対電子という．

物質　自然界を構成し，私たちの生命活動や身の回りの生活に重要なかかわりをもつもの．原子や分子などから構成され，ものをつくるときの素材となるもの．

物質の状態　固体，液体，気体の三つの状態をいう．温度によって物質の状態が変わる．

物質量　物質を構成する原子や分子の数をもとにしてはかる物質の量．この物質量の単位がモル（mol）である．

物体　一定の質量をもち，空間の一部を占め，その存在を確認できるもの．

沸点　沸騰するときの温度．

沸騰　液体の内部からも蒸発が起こって気体ができる現象．水は1気圧で温度100 ℃になると沸騰して水蒸気になる．

物理変化　原子の組み換えは起こらない，物質の状態のみの変化をいう．

ブラウン運動　液体中や気体中では，原子や分子などの粒子がたえず不規則な運動を続けてぶつかるため，そこに入れた別の微粒子も細かく不規則に動く．これをブラウン運動という．

プラスチック　石油などを原料として合成された物

用語解説

分子 同種類または異なる種類のいくつかの原子が結合してできた粒子.

分子間力 分子や単原子分子などの粒子と粒子の間にはたらく引力.

分子構造 分子内での原子の並び方によってできる幾何学的構造.

分子の極性 水分子などのように,電子配置の偏りによって分子内に＋と－の部分ができることをいう.

分子模型 おおまかな分子の形と分子内部での原子どうしのつながりを表したもの.代表的なものに,「球棒模型」と「空間充填模型」がある.

分子量 分子1個を構成している各原子の原子量をたし合わせたもの.

分留 蒸留の原理を用いて,沸点の違いによって各成分を分離・精製する方法.1回の蒸留で何種類かの物質に分離することができる.

閉殻 電子の収まるべき電子殻がすべて満たされた状態.

ペットボトル ポリエチレンテレフタラート（略してPET,ペットという）というプラスチックでできた容器.

放電 電池内の化学反応によって電流を取りだすこと.

飽和蒸気圧 ある温度での上限の蒸気圧をいう.その温度でその物質の飽和蒸気圧以上の圧力の気体があるとその分が液体になる.

飽和溶液 ある物質（溶質）が溶媒に限界まで溶けた状態の溶液をいう.

補色 たし合わせると白色光になる光どうしを互いに補色であるという.反射して見える光の色は吸収された色の補色である.たとえば,白色光から青色の光が吸収されると黄色に見える.

ま

マイクロメートル μmという記号で表し,100万分の1mを意味する.10^{-6} m.

マクロ 私たちが目にできる大きさやかさがはっきりわかる状態.巨視的ともいう.

ミクロ 直径がおよそ1μm以下の小さい物質の世界をいう.微視的ともいう.

密度 体積1 cm^3 当たりの質量（g）をいう.密度を求めるには,調べたい物質の体積と質量を測定すればよい.

無機物質 有機物質以外の物質,無機物,無機化合物ともいう.生命活動と直接関係ないのでこう呼ばれる.

モル 物質量の単位.1モル（mol）は,12gの炭素^{12}Cのなかに存在する炭素原子の数と同数の粒子の集まりをいう.

モル濃度 混合物（たとえば溶液）1L中に存在する物質（溶けている溶質）の量を物質量（モル）で表した濃度.

や

融解 固体から液体に変わること.

融解熱 水を例にとると,固体の氷がすべて融解して液体の水に変わるまでに,加えられた熱エネルギーをいう.

有機物質 炭素を含む物質.有機物,有機化合物ともいう.ただし,一酸化炭素や二酸化炭素は無機物質に含まれる.

融点 固体が融けて液体になる温度.

陽イオン 正電荷を帯びたイオン.

溶液 溶媒中に粒子（溶質）が目に見えないほどばらばらに散らばって混じり,透明になった液体.

溶解 液体のなかで,溶媒（たとえば水）に別の物質（溶質）が微粒子になるまでばらばらに散らばって混じった状態になること.

溶解性 溶けやすさの度合い.

陽極 電気分解の場合,電池の正極（＋極）と接続する電極をいう.電子を失って酸化反応が起こる.

陽子 原子核を構成する粒子の一つで,正の電荷（＋）をもつ.

ら

粒子概念 物質が小さな粒子からできているという考え方.

臨界点 二つの状態が区別できなくなる温度と圧力.たとえば水は374℃以上,218気圧以上では気体と液体の区別がつかない（臨界状態という）.

ろ過 混合物である物質を,粒子の大きさの差を利用して成分にこし分けること.

写真協力一覧

1章
図1-4　王子製紙(株)
図1-5　(株)SUMCO
図1-9　IBM Corporation
図1-11　東レ・メディカル(株)

2章
図2-5　別府地獄組合
図2-8　大阪大学大学院理学研究科　水谷泰久教授
図2-9　IÉNA京都店（藤井大丸）
マージン(p.18)　メタンハイドレート　大阪ガス(株)

3章
図3-2　電子天秤　(株)エー・アンド・デイ
　　　　メスシリンダー　(株)宮原計量器製作所
図3-3　三井化学(株)
コラム　紅茶の抽出　ハリオグラス(株)

4章
one point (p.53)　『化学図表』(浜島書店)
コラム　電子レンジの図と写真　シャープ(株)
コラム　液晶テレビ　シャープ(株)

5章
コラム　サイクロトロン　(独)理化学研究所

6章
図6-3　金ぱく　カタニ産業(株)
図6-6　大仏　(株)翠雲堂
　　　　トランペット　ヤマハ(株)
コラム　イオン駆動エンジン　JAXA

7章
コラム　絵画　国立西洋美術館

8章
図8-1　タラコでむひひ氏
マージン(p.103)　シャボン玉　埼玉大学理学部
コラム　フリーズドライ食品
　　　　　(株)ティエムエムトレーディング

9章
図9-2　はさみ(左)　(株)實光
　　　　セラミックはさみ(中)　京セラ(株)
　　　　ダイヤモンドカッター(右)
　　　　　三京ダイヤモンド工業(株)
図9-6　JAXA
コラム　お歯黒　平岩朝子氏

10章
図10-5　酸性温泉(左)　玉川温泉
　　　　塩基性温泉(右)　神奈川県山北町
図10-7　国土交通省　関東地方整備局
　　　　　品木ダム水質管理所

11章
図11-1　新日本製鐵(株)

12章
図12-9　産業技術総合研究所
　　　　　セルダイナミクス研究グループ
図12-11　(株)ルミカ
コラム　ナトリウムランプ　NEXCO西日本
コラム　あじさい　渡辺治子氏

索 引

あ

アインシュタイン	50
圧縮	46
圧力	46, 92
圧力鍋	97
アノード	140
アボガドロ	95
——数	86
——定数	86
——の法則	95
アミノ酸	23
アモルファス	45
アリザリン	158
アルカリ	120
——金属	58, 60
——性	120, 160
——土類金属	58
アルキメデスの原理	32
アレニウス	120
——の定義	124
アンモニア	19
硫黄酸化物	19
イオン	69, 73, 120
イオン化	73
——傾向	139
——列	139
イオン結合	69, 70, 75
——性化合物	75
イオン積	121
一次電池	142
一酸化炭素	17
一酸化窒素	20
イレブンナイン	4
色の三原色	151
陰イオン	59, 69, 73
陰極	147
インジゴ	158
引力	43
ウェーラー	27
ウラン–235	63
ATP	156
液体	6, 45
エタン	18
液晶	54
LED	155
塩	127
塩化ナトリウム	75
塩基	120
——性	120
塩橋	141
炎色反応	152
延性	71
王水	139
オクテット構造	68
温室効果	21
——ガス	21
温度	50, 95

か

界面活性剤	103
化学	1
化学エネルギー	140
化学式	6, 80
化学繊維	24
化学電池	140
化学発光	156
化学反応	107
——式	110
化合物	6, 67
可視光線	9, 150, 154, 159
価数	73
化石燃料	117
カソード	141
価電子	69
可燃ゴミ	16
価標	83
カーボンナノチューブ	28
カロザース	25
カロリー（cal）	51, 116
還元	133, 134
——剤	136
——力	137

173

索引

気化	38
希ガス	68, 80
希ガス型電子配置	69, 81
気化熱	38
キセノン	77
気体	6, 45
起電力	142
逆浸透	102
吸熱反応	116
キュリー夫人	59
強塩基	121
凝固	47
強酸	121
凝縮	47
強電解質	121
共有結合	69, 70, 81
共有電子対	82
極性	84
——分子	84
巨視的（マクロ）	13
金属	28
——結合	70, 72
金属元素	67, 152
金属光沢	71
金属のイオン化	137
空気	17
クエン酸	119
グラファイト（黒鉛）	28
グルコース	22, 159
クーロン	146
——力	75
蛍光	153
——灯	161
——物質	153
ケイ素	4, 155
結晶	45
ケルビン	94
原子	11, 55
——核	60, 61
——核分裂	63
——核融合	63
——のモデル	61
——番号	58
——量	87
——力発電	63
元素	5, 11, 55
——記号	6, 59
——の周期律	57
光化学スモッグ	18, 20
光学顕微鏡	7
合金	32, 72
光合成	159
光子	149
合成ゴム	26
合成樹脂	25
合成繊維	29
合成染料	158
合成物質	25
構造式	80, 83
高分子化合物（ポリマー）	15, 28
氷	34
黒鉛（グラファイト）	28
固体	6, 45
コロイド	8
——粒子	8, 11
混合物	4

さ

最外殻	64
材料	2
酸	119
酸化	133, 156, 161
——還元反応	135
——剤	136, 156
——物	133
——力	137
三原子分子	12
三酸化硫黄	19
三重結合	83
三重水素	63
三重点	98
酸性	120, 160
——雨	19, 130

──度	122	浸透圧	101
紫外線	150, 154, 158	水銀灯	161
視覚	158	水酸化物イオン濃度	122
色素	160, 161	水晶	30
識別マーク	25	水性ガス	135
式量	88	水素イオン指数（pH）	122
脂質	24	水素イオン濃度	122
指示薬	160	水素結合	34, 84
湿度	96	水溶液	99
質量	3	水和	100
質量数	63	スクロース	22, 99
質量パーセント濃度	101, 103, 104	スペクトル	161
脂肪	24	正極	141
シャルル	93	生成物	111
──の法則	93	正電荷	61
周期	59	静電的引力	61, 69
──表	57	生物発光	155
重水素	63	生理食塩水	101
重曹	119	製錬	134
充電	142	赤外線	21, 150, 154
自由電子	28, 71	析出	100
集電体	143	石けん	8, 70
18金	33	絶対温度	94
重量	3	──目盛り	94
朱肉	158	絶対零度	94
ジュール	51	セルシウス温度	93
純水	120	セロハン	11
純度	4	線スペクトル	153
純物質	4, 31	走査型トンネル顕微鏡（STM）	9
常温	35	族	59
昇華	47	測定値	66
沼気	18	組成式	76, 88
蒸気圧	95	ソックス	19
──曲線	96		
浄水器	10	**た**	
状態図	97		
蒸発	47	大気圧	92
──熱	52	ダイヤモンド	28, 44
蒸留	39	太陽光	154
食塩	99	太陽電池	155
ショ糖	22, 99	多原子イオン	76
シリコン	155	脱酸素剤	17

索引

ダニエル	141
——電池	141
単位	32
単結合	83
単原子イオン	76
単原子分子	12, 80
短周期表	57
単色光	153
炭水化物	22, 159
単体	6
単電池	145
タンパク質	2, 23
窒素酸化物	18
抽出	40
中性	120
中性子	61, 62
中和	127, 160
長周期表	58
チンダル現象	8
DNA	2, 21
鉄の製錬	134
デモクリトス	56
電位	142
電荷	61
電解質	120
電気エネルギー	140
電気伝導性	72, 120
電気分解	147, 159
電極	140
電気量（クーロン）	147
電子	61, 62
——雲	62
——殻	61, 65
——顕微鏡	9
——の授受	135
——配置	64
展性	71
電池	139
天然ゴム	26
天然繊維	24
デンプン	22
電離	120
電流	72
糖	22
同位体	62
凍結乾燥	106
透析	11
同素体	28
導電性	125
ドライアイス	44
ドルトンの原子説	56

な

ナイロン	25
ナトリウム灯	161
ナノメートル	8
鉛蓄電池	144
にがり	75
二原子分子	12
二酸化硫黄	19
二酸化ケイ素	44
二酸化炭素	17
二酸化窒素	18
二次電池	143, 144
二重結合	83, 157
24金	33
尿素	27
ネオン灯	161
熱	50
——運動	49, 95
熱エネルギー	38, 51
熱化学方程式	116
熱放射	154
熱量	116
年代測定	63
燃料電池	145
濃度	103
ノックス	18

は

排煙脱硫技術	19
パーキン	158

索引

白色光	150, 153, 154
白熱灯	154
パーセント	104
波長	149, 153
発光ダイオード（LED）	155
発熱反応	116
パラレッド	158
パルミチン酸	24
ハンダ	72
半透膜	11, 101
反応後	111
反応物	111
反応前	111
pH	160
——指示薬	125
——の定義	122
ppm	105
ppb	105
光の三原色	150
非金属	82
——元素	28, 67
微視的（ミクロ）	13
比重	34
非晶質	45
必須アミノ酸	23
比熱	51
表面張力	102
微粒子	8
ファラデー	120
フィフティーンナイン	5
フィルター	10
フェノールフタレイン	160
負極	140
不純物	4
ブタン	18
不対電子	82
物質	1
——量	85
物体	3
沸点	35
沸騰	36, 96
物理電池	140
物理変化	107
負電荷	61
ブドウ糖	22, 159
不燃ゴミ	16
ブラウン	49
ブラウン運動	49
プラスチック	25
フラーレン	28
フリーズドライ製法	106
ブレンステッド	124
ブレンステッド-ローリーの定義	124
プロパン	18
分子	12, 79
分子間力	44, 52, 102
分子構造	80
分子の形	84
分子模型	132
分子量	88
分留	40
閉殻	68
ペットボトル	25
ヘモグロビン	18, 161
ペラン	50
ヘンリーの法則	99
ボイル	92
——-シャルルの法則	94, 95
——の法則	92
放射冷却	21
膨張	46
放電	142
放電管	153
飽和蒸気圧	95
飽和溶液	100
補色	151, 159
ホタルルシフェリン	156, 161
ポリエステル	25
ポリエチレン	15, 28
ポリ塩化ビニリデン	15
ポリマー	15, 28
ボルタ	140
——電池	140

索引

ま

マイクロメートル	7
マクロ（巨視的）	13
マンガン乾電池	143
ミクロ（微視的）	13
水	20
——の電気分解	146
——分子	12, 52, 84
密度	32
ミリメートル	7
無機化合物	27
無機物	27
無機物質	27
無極性分子	84
メタン	18
——分子	83
メンデレーエフ	57
網膜	158
モル（mol）	85
——濃度	103

や

融解	47
——熱	52
有機化合物	27
有機物	27
有機物質	27
有機溶媒	24
有効数字	66
融点	35
油脂	24
陽イオン	59, 69, 73
溶液	99
溶解	99
溶解性	31
溶解度	99
陽極	147
陽子	58, 61, 62
溶質	99
溶媒	99

ら

ラップ	15
ラボアジェ	56
リサイクル法	26
リチウムイオン電池	144
リトマス紙	120
リノール酸	24
硫化アンチモン	158
硫化水素	19
粒子概念	7
臨界点	98
ルシフェラーゼ	161
ルシフェリン	156
ルミノール	161
レチナール	158
錬金術	56
連続スペクトル	153
ろ過	10
ローリー	124

日本化学会 化学教育協議会
「グループ・化学の本21」編

「化学」入門編 ―― 身近な現象・物質から学ぶ化学のしくみ

2007年5月20日 第1版 第1刷 発行	編　者	社団法人日本化学会
2025年2月10日　　　　　 第19刷 発行	発行者	曽根　良介
	発行所	(株)化学同人

検印廃止

JCOPY 〈出版者著作権管理機構委託出版物〉

本書の無断複写は著作権法上での例外を除き禁じられています。複写される場合は，そのつど事前に，出版者著作権管理機構（電話 03-5244-5088, FAX 03-5244-5089, e-mail: info@jcopy.or.jp）の許諾を得てください。

本書のコピー，スキャン，デジタル化などの無断複製は著作権法上での例外を除き禁じられています．本書を代行業者などの第三者に依頼してスキャンやデジタル化することは，たとえ個人や家庭内の利用でも著作権法違反です．

〒600-8074　京都市下京区仏光寺通柳馬場西入ル
編 集 部 TEL 075-352-3711　FAX 075-352-0371
企画販売部 TEL 075-352-3373　FAX 075-351-8301
　　　　　　振　替　01010-7-5702
e-mail　webmaster@kagakudojin.co.jp
URL　　https://www.kagakudojin.co.jp

印刷・製本　(株)シナノパブリッシングプレス

Printed in Japan　© The Chemical Society of Japan　2007　　無断転載・複製を禁ず　　ISBN978-4-7598-1091-2
乱丁・落丁本は送料小社負担にてお取りかえします．

元素周期表
Periodic Table of the Elements
自然も暮らしもすべて元素記号で書かれている

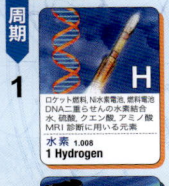

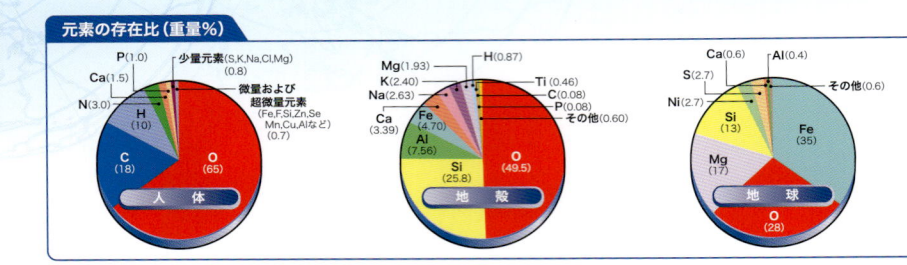

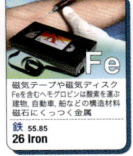

族 1

周期	1	2	3	4	5	6	7	8	9
1	**H** 水素 1.008 1 Hydrogen								
2	**Li** リチウム 6.941 3 Lithium	**Be** ベリリウム 9.012 4 Beryllium							
3	**Na** ナトリウム 22.99 11 Sodium	**Mg** マグネシウム 24.31 12 Magnesium							
4	**K** カリウム 39.10 19 Potassium	**Ca** カルシウム 40.08 20 Calcium	**Sc** スカンジウム 44.96 21 Scandium	**Ti** チタン 47.87 22 Titanium	**V** バナジウム 50.94 23 Vanadium	**Cr** クロム 52.00 24 Chromium	**Mn** マンガン 54.94 25 Manganese	**Fe** 鉄 55.85 26 Iron	**Co** コバルト 58.93 27 Cobalt
5	**Rb** ルビジウム 85.47 37 Rubidium	**Sr** ストロンチウム 87.62 38 Strontium	**Y** イットリウム 88.91 39 Yttrium	**Zr** ジルコニウム 91.22 40 Zirconium	**Nb** ニオブ 92.91 41 Niobium	**Mo** モリブデン 95.94 42 Molybdenum	**Tc** テクネチウム (99) 43 Technetium	**Ru** ルテニウム 101.1 44 Ruthenium	**Rh** ロジウム 102.9 45 Rhodium
6	**Cs** セシウム 132.9 55 Cesium	**Ba** バリウム 137.3 56 Barium	ランタノイド系 57〜71	**Hf** ハフニウム 178.5 72 Hafnium	**Ta** タンタル 180.9 73 Tantalum	**W** タングステン 183.8 74 Tungsten	**Re** レニウム 186.2 75 Rhenium	**Os** オスミウム 190.2 76 Osmium	**Ir** イリジウム 192.2 77 Iridium
7	**Fr** フランシウム (223) 87 Francium	**Ra** ラジウム (226) 88 Radium	アクチノイド系 89〜103	**Rf** ラザホージウム (261) 104 Rutherfordium	**Db** ドブニウム (262) 105 Dubnium	**Sg** シーボーギウム (263) 106 Seaborgium	**Bh** ボーリウム (267) 107 Bohrium	**Hs** ハッシウム (273) 108 Hassium	**Mt** マイトネリウム (268) 109 Meitnerium

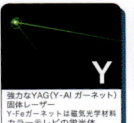

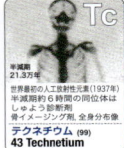

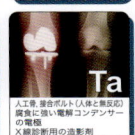

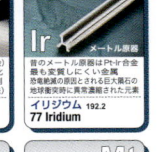

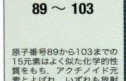

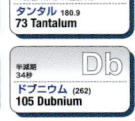

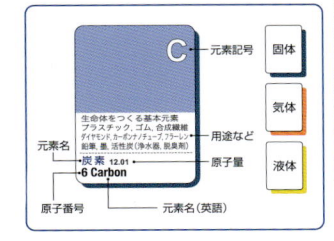

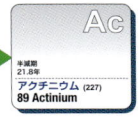

ランタノイド:
La ランタン 138.9 57 Lanthanum | **Ce** セリウム 140.1 58 Cerium | **Pr** プラセオジム 140.9 59 Praseodymium | **Nd** ネオジム 144.2 60 Neodymium | **Pm** プロメチウム (145) 61 Promethium | **Sm** サマリウム 150.4 62 Samarium

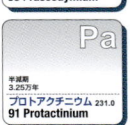

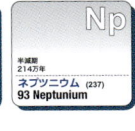

アクチノイド:
Ac アクチニウム (227) 89 Actinium | **Th** トリウム 232.0 90 Thorium | **Pa** プロトアクチニウム 231.0 91 Protactinium | **U** ウラン 238.0 92 Uranium | **Np** ネプツニウム (237) 93 Neptunium | **Pu** プルトニウム (239) 94 Plutonium

元素の存在比（重量%）
- 人体: O(65), C(18), H(10), N(3.0), Ca(1.5), P(1.0), 少量元素(S,K,Na,Cl,Mg)(0.8), 微量および超微量元素(Fe,F,Si,Zn,Se,Mn,Cu,Alなど)(0.7)
- 地殻: O(49.5), Si(25.8), Al(7.56), Fe(4.70), Ca(3.39), Na(2.63), K(2.40), Mg(1.93), Ti(0.46), H(0.87), C(0.08), P(0.08), その他(0.60)
- 地球: Fe(35), O(28), Mg(17), Si(13), Ni(2.7), S(2.7), Ca(0.6), Al(0.4), その他(0.6)

凡例: **C** 元素記号、6 原子番号、12.01 原子量、Carbon 元素名（英語）、炭素 元素名
状態: 固体、気体、液体

一家に1枚周期表

科学技術週間
http://stw.mext.go.jp/
製作・著作：文部科学省
2005年 3月25日 第1版発行
2006年 3月25日 第3版（グラフ）発行

監修：日本化学会、日本物理学会、日本薬学会、日本微量元素学会、高分子学会、応用物理学会

イラストレーター：山崎 猛